Andreas Nocke
Mikrobolometer auf der Basis
von Polymerkompositen

TUDpress

DRESDNER BEITRÄGE ZUR SENSORIK

Herausgegeben von
Gerald Gerlach

Band 42

Andreas Nocke

Mikrobolometer auf der Basis von Polymerkompospositen

TUDpress

2011

Die vorliegende Arbeit wurde am 1. April 2011 als Dissertation an der Fakultät Elektrotechnik und Informationstechnik der Technischen Universität Dresden eingereicht und am 20. Mai 2011 erfolgreich verteidigt.

Vorsitzender der Prüfungskommission:	Prof. Dr.-Ing. Andreas Richter
Gutachter:	Prof. Dr. rer. nat. habil. Karl-Friedrich Arndt
	Prof. Dr.-Ing. habil. Gerald Gerlach

Bibliografische Information der Deutschen Nationalbibliothek

Die Deutsche Nationalbibliothek verzeichnet diese Publikation in der Deutschen Nationalbibliografie; detaillierte bibliografische Daten sind im Internet über http://dnb.d-nb.de abrufbar.

Bibliographic information published by the Deutsche Nationalbibliothek

The Deutsche Nationalbibliothek lists this publication in the Deutsche Nationalbibliografie; detailed bibliographic data are available in the Internet at http://dnb.d-nb.de.

ISBN 978-3-942710-27-5

Verlag der Wissenschaften GmbH
Bergstr. 70 | D-01069 Dresden
Tel.: 0351/47 96 97 20 | Fax: 0351/47 96 08 19
http://www.tudpress.de

Gesetzt vom Autor.
Druck und Bindung: Sächsisches Digitaldruck Zentrum GmbH
Printed in Germany.

Inhaltsverzeichnis

Vorwort des Herausgebers

Ungekühlte Wärmebildkameras nutzen seit langer Zeit vorrangig Bolometerarrays als sensitive Elemente. Bolometer sind temperaturabhängige Widerstände, die die Temperaturerhöhung infolge der vom Wärmebild ausgehenden Infrarotstrahlung messen. Die einfache Integration mit der Signalauswertung auf einem CMOS-Siliziumchip macht dieses Prinzip so attraktiv.

Gegenwärtig nutzen solche Arrays vorrangig Vanadiumoxid oder amorphes Silizium, das mittels Oberflächenmikromechanik als freitragende Struktur auf Siliziumwafern abgeschieden wird. Nachteilig ist bis heute der relativ hohe Preis solcher Arrays, der die Anwendungsbereiche solcher Mikrobolometer-Wärmebildkameras begrenzt.

Die vorliegende Arbeit beschreibt einen völlig neuartigen Ansatz, bei dem als Bolometermaterial Polymerkomposite verwendet werden. Diese könnten durch einfache Druckverfahren erzeugt werden und so zu deutlich preiswerteren IR-Sensorarrays führen. Dabei wird die technologische Verarbeitung durch die Polymerkomponente und die elektrischen Eigenschaften durch einen leitfähigen Füllstoff (metallisch, halbleitend) bestimmt. Die Arbeit untersucht die Möglichkeiten, die Herausforderungen und die Grenzen, die mit diesem innovativen Ansatz verknüpft sind, und bildet damit die Grundlage für nachfolgende Forschungen und Entwicklungen. Ich bin mir deshalb sicher, dass auch dieser Band der Reihe „Dresdner Beiträge zur Sensorik“ die gebührende Aufmerksamkeit finden wird.

Dresden, Juni 2011 Gerald Gerlach

Vorwort des Autors

Die vorliegende Arbeit entstand im Rahmen meiner Tätigkeit als Promotionsstudent am Institut für Festkörperelektronik der Technischen Universität Dresden. Sie baute auf dem umfangreichen Wissenstand im Bereich der Infrarotsensorik auf, welcher sich am Institut für Festkörperelektronik im Verlauf der letzten Jahrzehnte entwickelt hat. Die vorhandene Expertise war eine wesentliche Hilfestellung bei der Bearbeitung dieses Themas. Zusätzlich zu den grundlegenden sensorischen Fragestellungen wurden im Verlauf dieser Arbeit vor allem materialwissenschaftliche und damit zusammenhängende technologische Aspekte untersucht. Die resultierende komplexe und interdisziplinäre Thematik konnte nur durch die Mithilfe vieler Kollegen bearbeitet werden, denen ich an dieser Stelle danken möchte:

- mein besonderer Dank gilt Herrn Prof. Dr.-Ing. habil. Gerald Gerlach für die umfangreiche wissenschaftliche Betreuung und die Hilfestellung beim Verfassen dieser Arbeit,
- allen Mitarbeiter des Institutes für Festkörperelektronik für die vielen anregenden Diskussionen, die Unterstützung bei verschiedensten theoretischen und praktischen Problemen sowie die vielen gemeinsamen interessanten und spaßigen Erlebnisse,
- Herrn Prof. Dr. rer. nat. habil. Karl-Friedrich Arndt von der Professur für spezielle physikalische Chemie/physikalische Chemie der Polymere und seinen Mitarbeitern für die wissenschaftliche Beratung im Bereich polymeren Werkstoffe und die Unterstützung bei der Synthese verschiedener Füllpartikel,
- Herrn PD Dr. Hans-Georg Braun vom Leibniz-Institut für Polymerforschung für viele inspirierende Anregungen,
- den Mitarbeitern des Institutes für Aufbau- und Verbindungstechnik für die Verwendungsmöglichkeiten des Rasterelektronen- und der Konfokalmikroskope,
- Dr. Jens Ingolf Mönch vom Leibniz-Institut für Festkörper- und Werkstoffforschung für die Möglichkeit der Nutzung der Elektronenstrahllithografie,
- der Deutschen Forschungsgemeinschaft (DFG) für die finanzielle Unterstützung der Arbeit und
- meiner Freundin, meiner Familie und meinen Freunden, die mich auch in besonders angespannten Momenten hervorragend unterstützt haben.

Dresden, Juni 2011 Andreas Nocke

Abstract

Microbolometers are uncooled thermal detectors being used to measure infrared radiation by analyzing resistance changes in the sensitive material. Microbolometer arrays are the main detector type operating in thermographic cameras. In recent time, there is a growing interest in using these cameras in various industrial and consumer segments, like automotive, medical, thermal insulation, and security applications. The sensitive material of conventional microbolometers consists of inorganic materials like vanadium oxide (VO_x) or amorphous silicon (a-Si). This layer has to be formed as a self-supporting structure because sufficient thermal insulation is required for an adequate responsivity. The corresponding MEMS process is complex and causes high production costs of such sensors, which is a major limitation for various applications.

This work studies conductive polymer compounds as sensitive layers in microbolometers. They combine the advantages of polymer materials (easy processing and cost-effective materials) with the possibility to tailor the overall characteristics of the compound in terms of electrical, mechanical, or chemical properties. Investigated filler materials are semi-conducting tellurium rods and vanadium dioxide particles as well as metallic silver particles with varying distributions in the polymer matrix (homogenous and aligned between the electrodes by dielectrophoresis).

The work focuses mainly on two issues:

1. The electric properties of the polymer compounds with regard to the main microbolometer parameters: temperature coefficient of resistance (TCR) and noise. The electrical properties of VO_2- and Ag-compounds are determined by the conduction mechanism of the filler particles itself, leading to almost constant TCR-values of -4.0 %/K and 0.4 %/K, respectively. The conduction mechanism in the Te-compounds is mainly characterized by hopping transitions above energy barriers. This causes a wide range of TCR-values between -(0,8…3,7) %/K with a logarithmic relation to the compound resistance. The noise level strongly depends on the conduction mechanisms and is highest for Te and lowest for Ag.

2. Development of a all-polymer technological process for microbolometer array fabrication. The process includes a sacrificial layer technique to form the desired self-supporting structures. Particles in the sensitive polymer layers are aligned by dielectrophoresis to reduce the amount of filler required for percolation.

Symbolverzeichnis

b	Breite
c	Konstante
c_{th}	spezifische Wärmekapazität
d	Durchmesser, Abstand
e	Elementarladung
g	Fallbeschleunigung
h	Höhe, Plank'sches Wirkungsquantum
i	Wechselstrom
k_B	Boltzmann-Konstante
k_{opt}	Blendenzahl
k_w	inverse Abklinglänge der Elektronenwellenfunktion
l	Länge
m	Masse
n	Ladungsträgerdichte, Elektronendichte, Partikelanzahl
p	Wahrscheinlichkeit, Dipolmoment, Löcherdichte
q	Ladung
r	Ortsvektor
t	Zeit, Parameter
u	Wechselspannung
x	Ortskoordinate
z	Länge
A	Fläche
A_V	Aspektverhältnis
C	Kapazität
D	Detektivität, geometrischer Abstand
D^*	spezifische Detektivität
E	elektrische Feldstärke
E_g	Bandabstand
F	Kraft
F_G	volumenbezogener Füllfaktor
G	Leitwert
I	Strom
I_M	Integral
K	Clausius-Mossotti-Faktor
M	Drehmoment
$M_{\lambda S}$	spektrale spezifische Ausstrahlung
N	Ladungsträgeranzahl, effektive Zustandsdichte
NEP	rauschäquivalente Leistung
$NETD$	rauschäquivalente Temperaturdifferenz
R	Widerstand, Radius, Hauptachse eines Ellipsoids
R_T	Temperaturempfindlichkeit
R_V	Spannungsempfindlichkeit, Empfindlichkeit
S_R	spektrale Rauschleistung
T	Temperatur
U	Spannung

V	Volumen
V_F	Volumenfüllgrad
V_P	kritischer Volumenfüllgrad, Perkolationsschwelle
W	Arbeit, Aktivierungsenergie
Z	Verbindungsanzahl zwischen Gitterpunkten
α	Absorptionskoeffizient, Temperaturkoeffizient
α_H	Hooge-Parameter
β	Temperaturkoeffizient 2. Ordnung
γ	Winkel, Exponent
δ	Hansen-Löslichkeitsparameter
ε	Emissionskoeffizient, Permittivität
η	(dynamische) Viskosität
λ	Wellenlänge
λ_{th}	Wärmeleitfähigkeit
μ	Ladungsträgerbeweglichkeit
v	Geschwindigkeit
ρ	Dichte, spezifischer Widerstand
ρ_R	Raumladungsdichte
σ	elektrische Leitfähigkeit, Oberflächenspannung, Grenzflächenspannung, Stefan-Boltzmann-Konstante
τ	Zeitkonstante
τ_{opt}	Transmissionsgrad
χ	Exponent
ω	Kreisfrequenz
θ	Kontaktwinkel, Winkel
Φ	Strahlungsfluss, Wärmefluss

Indizes

a	Hauptachse eines Ellipsoids
b	Kantenperkolation, Hauptachse eines Ellipsoids
c	Perkolation, Hauptachse eines Ellipsoids, Achse
d	dispers, Dipol, gegenseitig durchdringbare Füllpartikel
e	elektrostatisch, Ladungsträger
eff	effektiv
el	elektrisch
ex	ausgeschlossen
ges	gesamt
h	hydraulisch
i	intrinsisch
h	Wasserstoffbrückenbindung
k	Zählindex (natürliche Zahl)
m	molar
n	spektral, normiert, Elektronen
max	maximal
p	polar, Löcher

s	Knotenperkolation
th	thermisch, thermisches Rauschen
u	gegenseitig nicht durchdringbare Füllpartikel
Ag	Silber
AZ1514	Fotoresist AZ 1514 (Polymermatrix der sensitiven Polymerkomposite)
B	Bolometer
Dep	Dielektrophorese
E	Ellipsoid
E_g	Bandabstand
El	Elektroden
F	Fermi
G	Gravitation
K	Kanal, Kapillar
H	Hopping
NNH	Nearest-Neighbour-Hopping
Hl	Halbleiter
K	Kontaktbereich, Kugel
L	Lösungsmittel, Flüssigkeit (liquide), Leitungsband
M	(umgebendes) Medium
P	Pixel, Polymer, Partikel
R	Reibung, Widerstand
T	Temperaturfluktuation
S	Strahlung, Strahlungsrauschen, Schicht, Festkörper (solide)
Te	Tellur
V	Valenzband, Vor-
VO_2	Vanadiumdioxid
VRH	Variable-Range-Hopping
Z	Zylinder
α	Absorptionskoeffizient
0	Bezugswert, Ausgangswert, homogen
1/f	1/f Rauschen
*	effektiv

Symbolik

a	sonstiger Parameter, Betrag eines Vektors
$\overline{a}$	Mittelwert
$\vec{a}$	Vektor
$\tilde{a}$	Effektivwert
$\hat{a}$	Amplitude
$\underline{a}$	komplexer Wert
Δa	Änderung des Wertes
da	differentielle Änderung

Abkürzungsverzeichnis

a-Si	amorphes Silizium
CMOS	Complementary Metal-Oxide-Semiconductor (komplementärer Metall-Oxid-Halbleiter)
CNT	Carbon Nanotube (Kohlenstoffnanoröhre)
CVD	Chemical Vapour Deposition (chemische Gasphasenabscheidung)
Dep	Dielektrophorese
DNQ	Diazonaphtoquinon
FT-IR	Fourier-Transform-Infrarot
IR	infrarot
LB	Leitungsband
MIMIC	Micromolding in Capillaries (Mikroformen in Kapillaren)
NNH	Nearest-Neighbour-Hopping (Hoppingvorgang zum nächsten Nachbarn)
PDMS	Polydimethylsiloxan
PECVD	Plasma-enhanced Chemical Vapour Deposition (plasmaunterstützte chemische Gasphasenabscheidung)
PGMEA	Propylenglykolmethylacetat
PI	Polyimid
Ref	Referenz
REM	Rasterelektronenmikroskop
RT	Raumtemperatur
TGA	thermogravimetrische Analyse
UV	ultraviolett
VB	Valenzband
VO_x	Vanadiumoxid
VRH	Variable-Range-Hopping (Hoppingvorgang mit variabler Entfernung)
XPS	Röntgen-Fotoelektronenspektroskopie
XRD	Röntgenbeugung
YBCO	Yttrium-Barium-Kupfer-Oxid

1 Einführung und Motivation

Wärmebildgeräte haben in den letzten Jahren in vielen technischen Gebieten Einzug gehalten. Zu den vielen möglichen Einsatzgebieten gehören Bewegungs- und Brandmelder sowie die Objekterkennung im Sicherheits-, Automobil- und Produktionsbereich. Weitere Anwendungen sind die zerstörungsfreie Werkstoffprüfung, die Bauthermographie und verschiedene diagnostische Verfahren in der Medizin. In Wärmebildgeräten wird infrarote (IR) Strahlung detektiert, die ein Teil des elektromagnetischen Strahlungsspektrums ist und den Wellenlängenbereich von (0,78…1000) µm umfasst. Deren ortsaufgelöste Detektion erfolgt in einer Wärmebildkamera mittels einer Vielzahl von individuellen sensitiven Pixeln, welche zusammen ein Sensor-Array bilden. Die Messung thermografischer Bilder in Wärmebildgeräten umfasst folgende allgemeine Anwendungsgebiete, welche direkt aus den Eigenschaften der IR-Strahlung resultieren:

- *Objekterfassung:* Jeder Körper sendet elektromagnetische Strahlung aus. Die spektrale, also wellenlängenabhängige, Intensität wird maßgeblich von der Körpertemperatur bestimmt. Für nahezu alle auf der Erdoberfläche herrschenden Temperaturen liegt das Intensitätsmaximum im Bereich der infraroten Strahlung. Für das menschliche Auge ist die Eigenstrahlung eines Körpers in Form eines Glühens erst ab Temperaturen von ca. 550°C zu erkennen. Nur dann befindet sich definitionsgemäß ein nennenswerter Teil der Körperstrahlung im visuellen Bereich. Bei niedrigeren Temperaturen können Körper direkt, also ohne externe Bestrahlung, nur über den infraroten Bereich erfasst werden (Abb. 1.1a). Die Objekterkennung mittels Wärmebildgeräten ermöglicht sowohl die Erfassung von bewegten Objekten (Bewegungsmelder) als auch von stationären Objekten (Präsenzdetektoren).
- *Berührungslose Temperaturmessung:* Die messtechnische Erfassung der Temperatur ist eine der wesentlichen Aufgaben der Sensorik, da die Temperatur auf nahezu alle weiteren physikalischen Parameter einen signifikanten Einfluss ausübt. Des Weiteren beeinflusst sie den Ablauf chemischer und biologischer Prozesse. Die Fähigkeit, die Temperatur berührungslos mit einem Wärmebildgerät messen zu können, hat im Vergleich zu Kontaktmessungen viele Vorteile. Die wichtigsten sind die Nichtbeeinflussung des zu vermessenden Systems und die Möglichkeit der parallelen Temperaturmessung an vielen Objekten (Abb. 1.1b).
- *Chemische Analyse:* Mittels der Infrarotspektroskopie können der chemische Aufbau und die Struktur von Molekülen bestimmt werden. Der energetische Bereich der infraroten Strahlung entspricht den Rotationsniveaus kleiner Moleküle und den Schwingungsniveaus von Molekülbindungen. Durch Strahlungsabsorption werden diese Niveaus bei charakteristischen Energien bzw. Wellenlängen angeregt. Durch

Messung und Auswertung des zugehörigen Absorptionsspektrums können entsprechende Informationen zum molekularen Aufbau gewonnen werden. Wärmebildgeräte werden in diesem Bereich in der bildgebenden Fourier-Transform-Infrarot-Spektroskopie (FT-IR) eingesetzt. Diese ermöglicht die örtlich und zeitlich aufgelöste Analyse der chemischen Zusammensetzung des zu untersuchenden Materials.

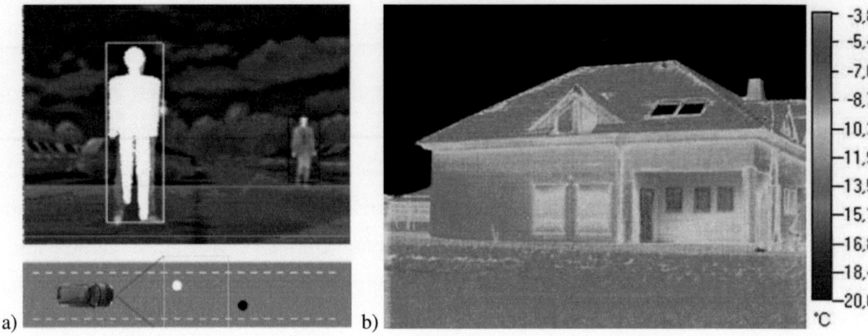

Abb. 1.1 Anwendungsfälle der thermischen Infrarotsensorik: (a) Objekterkennung am Beispiel von Fußgängern im Straßenverkehr (aus [1]) und (b) Messung der Temperaturverteilung bei einer Bauthermografie (mit freundlicher Genehmigung der DIAS GmbH, Dresden).

Wärmebildgeräte für den zivilen Markt nutzen vor allem thermische IR-Sensoren, da diese, im Gegensatz zu alternativen Photonensensoren, nicht aufwendig gekühlt werden müssen. Somit können thermische IR-Sensoren kleiner und leichter ausgeführt werden, besitzen eine höhere Zuverlässigkeit und sind vor allem durch niedrigere Betriebskosten gekennzeichnet. Insbesondere Mikrobolometer-Arrays haben das Potenzial zum Einsatz in Massenprodukten, wenn es gelingt, die Herstellungskosten weiter zu senken.

In Mikrobolometern wird der thermoresistive Effekt genutzt. Die zu detektierende IR-Strahlung bewirkt eine Temperatur- und damit eine Widerstandsänderung der sensitiven Schicht. Die Widerstandsmessung ermöglicht eine einfache Signalauswertung bei entsprechender Kalibrierung des Sensors. Die besondere Eignung von Mikrobolometern für die Anwendung in Wärmebildgeräten ergibt sich aus folgenden Eigenschaften:

- Mikrobolometer können ungekühlt verwendet werden.
- Aufgrund ihrer kompakten Bauweise können sie optimal in großen Sensor-Arrays ausgeführt werden. Diese Bauweise ermöglicht einen großen Füllfaktor, welcher dem Verhältnis der sensitiven Fläche zur Gesamtfläche des Sensors entspricht.
- Die Signalauswertung kann durch den mehrschichtigen Sensoraufbau und die typische Verwendung von Siliziumsubstraten integriert im Bereich des Sensors erfolgen. Für die Herstellung der Bauelemente zur Signalauswertung können konventionelle Halbleitertechnologien verwendet werden, wobei meist die CMOS- (komplementäre Metall-Oxid-Halbleiter) Technologie genutzt wird. Die CMOS-Kompatibilität der sensitiven Elemente hängt vom empfindlichen Material ab.

- Mikrobolometer sind gleichlichtempfindlich. Sie können demzufolge ohne den zusätzlichen Aufwand einer mechanischen Strahlungsmodulation zur Messung stationärer Objekte verwendet werden (Präsenzmessung).
- Sie sind beschleunigungsunempfindlich. Somit beeinflusst eine Bewegung des Wärmebildgerätes das Messsignal nicht.
- Ihre Empfindlichkeit ist weitestgehend unabhängig vom betrachteten Wellenlängenbereich.

Die grundlegenden elektrischen Anforderungen an die sensitive Schicht eines Mikrobolometers sind ein großer Temperaturkoeffizient des Widerstandes, ein großer Widerstand und ein geringes Rauschen. Nach grundlegenden Untersuchungen in den 1980er Jahren wurde als Standardmaterial zunächst Vanadiumoxid (VO_x) verwendet, welches diesen Anforderungen genügt [2]. Grundsätzliche Probleme von Vanadiumoxid als sensitive Schicht in einem Mikrobolometer resultieren daraus, dass es kein Standardmaterial der CMOS-Technologie ist, so dass kostenintensive zusätzliche Fertigungsgeräte notwendig werden. Außerdem müssen VO_x-Schichten im Anschluss an die Abscheidung bei Temperaturen von mindestens 300°C getempert werden. Dieser Prozessschritt beeinträchtigt die mögliche Integration der sensornahen Signalauswertung im Siliziumsubstrat des Sensor-Arrays. Um diese Probleme zu umgehen, wird seit einigen Jahren zunehmend amorphes Silizium (a-Si) als sensitives Bolometermaterial genutzt, welches CMOS-kompatibel ist und im Anschluss an die Beschichtung nicht getempert werden muss. Trotzdem können diese konventionellen anorganischen Mikrobolometer-Arrays nur durch eine aufwendige technologische Prozessfolge hergestellt werden, da die einzelnen Pixel als freitragende Strukturen ausgeführt werden müssen. Dies ist notwendig, um eine große thermische Isolation des sensitiven Bereiches zu erzielen, welche für eine hohe Empfindlichkeit benötigt wird.

Die vorliegende Arbeit hat sich zum Ziel gesetzt, alternative polymere Materialien und zugehörige technologische Verfahren für die Herstellung von Mikrobolometer-Arrays zu untersuchen. Die grundlegende Motivation ist dabei, das erhebliche Kosteneinsparungspotenzial zu nutzen, welches im Allgemeinen durch die Verwendung polymerer Materialien in der Mikrosystemtechnik entsteht. Dieses resultiert sowohl aus den kostengünstigen Materialien selbst als auch aus der Vielzahl von einfachen, schnellen und parallelen Bearbeitungsmöglichkeiten von polymeren Materialien. Die wichtigsten dieser technologischen Verfahren sind Lithografie-, Stempel- und Drucktechniken.

Die sensitive Schicht des in dieser Arbeit vorgestellten Mikrobolometer-Arrays soll aus einem leitfähigen Polymerkomposit bestehen, das sich aus einem Matrixpolymer und mindestens einem Füllstoff zusammensetzt. Bei der Verwendung von elektrisch leitfähigen Polymerkompositen können in einer Schicht individuell die mechanischen, chemischen und elektrischen Eigenschaften eingestellt und getrennt voneinander optimiert werden. Vor allem die chemischen und damit auch die technologischen Eigenschaften werden durch die Polymermatrix bestimmt, soweit der Anteil des Füllstoffes genügend gering ist. Die elektrischen Eigenschaften sind durch Art, Struktur und Verteilung des leitfähigen Füllstoffs gegeben.

Aus der Verwendung polymerer Materialien resultieren weitere prinzipielle Vorteile:

- Bei Verwendung eines flexiblen Substrates ermöglichen polymere Strukturen die Anpassung der Array-Oberfläche auf einem gekrümmten Untergrund. Dadurch können besondere Anwendungsbereiche, wie z.B. eine Rundumüberwachung, realisiert werden, ohne dass dafür teure, speziell angepasste Optiken verwendet werden müssen.
- Polymere haben im relevanten IR-Bereich von (8...14) µm eine Vielzahl von Absorptionsbanden. In Abhängigkeit von dem gewählten Matrixpolymer lassen sich somit die zu absorbierenden Wellenlängenbereiche einstellen.
- Polymere weisen eine geringe Wärmeleitfähigkeit auf, so dass die resultierende Wärmeleitung auch bei vergleichsweise dicken Kontaktbereichen zwischen der sensitiven Schicht und einer benachbarten Wärmesenke gering bleibt.

In den folgenden Kapiteln 2 und 3 werden die relevanten theoretischen Hintergründe und der Stand der Technik betrachtet. Daraus werden Anforderungen an die zu wählenden Materialien und technologischen Prozesse abgeleitet (Kapitel 4). Im Anschluss werden in den Kapiteln 5 bis 1 die charakteristischen Eigenschaften der gewählten Materialien, der wesentlichen technologischen Schritte und der daraus resultierenden Mikrobolometer-Arrays beschrieben. Abschließend erfolgt eine Bewertung der erzielten Ergebnisse und es wird ein Ausblick über mögliche weiterführende Arbeiten gegeben (Kapitel 8).

2 Theoretische Grundlagen

2.1 Mikrobolometer

2.1.1 Sensorkennwerte

Die Intensität und die spektrale Verteilung der elektromagnetischen Strahlungsemission eines Körpers werden maßgeblich durch dessen Temperatur bestimmt und lassen sich durch das Planck'sche Strahlungsgesetz [3, 4]

$$M_{\lambda S} = \frac{c_1}{\lambda^5} \frac{1}{\exp\left(\frac{c_2}{\lambda T}\right) - 1} \tag{2.1}$$

beschreiben, welches die spektrale spezifische Ausstrahlung $M_{\lambda S}$ in Relation zur Körpertemperatur T und der Wellenlänge λ angibt (Abb. 2.1). Die Werte der Strahlungskonstanten betragen $c_1 = 3{,}742 \cdot 10^4$ Wcm^{-2}µm^4 und $c_2 = 1{,}4388 \cdot 10^4$ Kµm. Gleichung (2.1) gilt für schwarze Strahler, deren Emissionskoeffizient ε wellenlängenunabhängig gleich Eins ist. Für einen realen Körper, dessen Emissionskoeffizient kleiner als Eins und wellenlängenabhängig ist, muss dieser als Vorfaktor im Planck'schen Strahlungsgesetz berücksichtigt werden.

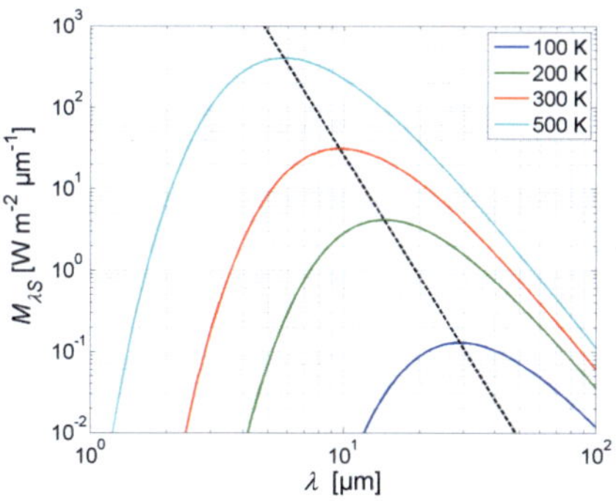

Abb. 2.1 Spektrale spezifische Ausstrahlung $M_{\lambda S}$ eines schwarzen Körpers für ausgewählte Temperaturen von (100…500) K in doppeltlogarithmischer Darstellung. Die gestrichelte Linie zeigt den wellenlängenabhängigen Verlauf der maximalen Werte von $M_{\lambda S}$ bei variierender Temperatur entsprechend dem Wien'schen Verschiebungsgesetz.

Für jede Körpertemperatur ergibt sich eine Wellenlänge λ_{max}, bei der eine maximale spektrale spezifische Ausstrahlung $M_{\lambda S,max}$ erfolgt. Dieser Zusammenhang ist durch das Wien'sche Verschiebungsgesetz gegeben:

$$\lambda_{max} = \frac{2898\ \mu\text{mK}}{T}. \tag{2.2}$$

Dieses spektrale Strahlungsmaximum liegt für nahezu alle auf der Erdoberfläche auftretenden Temperaturen im IR-Bereich. Beispielsweise entsprechen 300 K einem Wert von λ_{max} = 9,66 µm. Bevorzugte spektrale Messbereiche sind (3...5) µm und (8...14) µm, da sich hier atmosphärische Fenster befinden, in denen die Strahlungstransmission der Atmosphäre groß ist.

Die eigentliche Detektion der IR-Strahlung erfolgt bei einem Mikrobolometer durch Absorption in einer sensitiven Schicht, wodurch diese lokal erwärmt wird (Abb. 2.2). Basierend auf dem thermoresistiven Effekt ändert sich der elektrische Widerstand der Schicht. Dies wird durch eine geeignete elektronische Schaltung ausgewertet und lässt anhand einer Kalibrierung direkt auf den Strahlungsfluss Φ_S der einfallenden IR-Strahlung schließen.

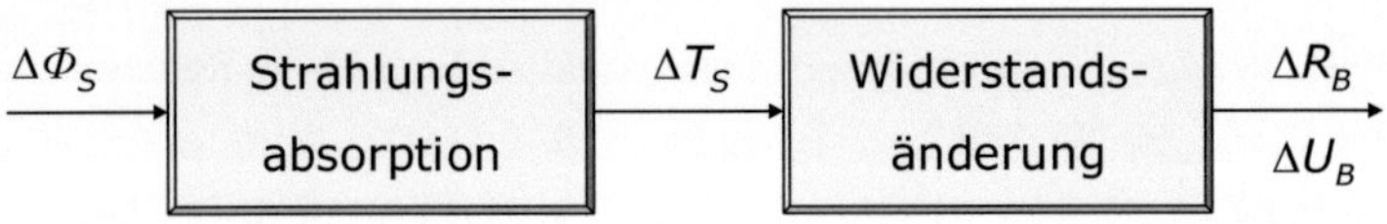

Abb. 2.2 Funktionsweise eines Bolometers; $\Delta\Phi_S$, ΔT_S, ΔR_B und ΔU_B sind die Änderungen des einfallenden Strahlungsflusses, der Temperatur, des Bolometerwiderstandes und der -spannung.

Aus dem zugrunde liegenden Funktionsprinzip lässt sich die Empfindlichkeit eines Mikrobolometers herleiten. Die Empfindlichkeit eines Sensors ist definiert durch die Änderung seiner Ausgangsgröße im Verhältnis zur Änderung der Eingangsgröße. Für ein Mikrobolometer sind diese Größen der Strahlungsfluss Φ_S und die Ausgangsspannung U_B. Somit ist die zugehörige Empfindlichkeit (auch Spannungsempfindlichkeit) R_V durch

$$R_V = \frac{\Delta U_B}{\Delta \Phi_S} \tag{2.3}$$

bzw. in differenzieller Form durch

$$R_V = \frac{\partial U_B}{\partial \Phi_S} \tag{2.4}$$

gegeben. Die thermoresistive Kenngröße des sensitiven Bolometerwiderstandes R_B ist dessen Temperaturkoeffizient α_R, welcher anhand

$$\alpha_R(T) = \frac{1}{R}\frac{dR}{dT} \tag{2.5}$$

definiert ist, wobei R der elektrische Widerstand und T die Temperatur sind. Die Temperaturempfindlichkeit R_T eines thermoresistiven Widerstandes lässt sich durch

$$R_T = \frac{dU_B}{dT} = \alpha_R R_B I_B \tag{2.6}$$

ausdrücken.

Die thermischen Eigenschaften des Sensors lassen sich durch den in Abb. 2.3 dargestellten thermischen Tiefpass beschreiben. Dieser setzt sich aus der Wärmekapazität C_{th} der sensitiven Schicht und dem thermischen Leitwert G_{th} zwischen sensitiver Schicht und den angrenzenden Bereichen zusammen. Zusätzlich beeinflusst der Absorptionskoeffizient α die tatsächlich in der sensitiven Schicht umgesetzte Wärmeleistung.

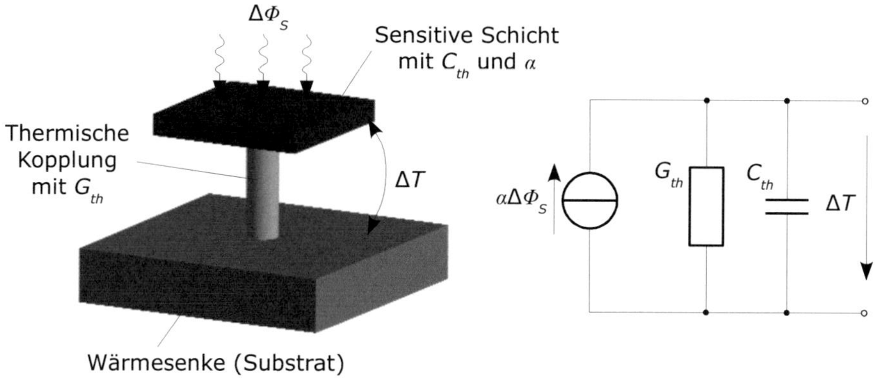

a) b)

Abb. 2.3 (a) Schematische Darstellung und (b) zugehöriges thermisches Schaltbild eines Strahlungsdetektors.

Der thermische Leitwert G_{th} setzt sich aus Wärmeleitung, Wärmeabstrahlung und Wärmekonvektion zusammen. Die Wärmeleitung, welche der dominierende Anteil des thermischen Leitwertes in Mikrobolometern ist, wird berechnet durch

$$G_{th} = \lambda_{th,K} \frac{A_K}{l_K}, \tag{2.7}$$

wobei $\lambda_{th,K}$ die stoffspezifische Wärmeleitfähigkeit, A_K die Querschnittsfläche und l_K die Länge des Kontaktbereiches zwischen der sensitiven Schicht und einer benachbarten Wärmesenke sind. Die Wärmekapazität ergibt sich aus dem Produkt der spezifischen Wärmekapazität $c_{th,P}$, der Dichte ρ_P und dem Volumen V_P des betrachteten Körpers, welcher hier der sensitive Bereich des Bolometer-Pixels ist:

$$C_{th} = c_{th,P} \rho_P V_P. \tag{2.8}$$

Für das thermische Ersatzschaltbild in Abb. 2.3b gilt in komplexer und differenzieller Form:

$$\alpha \underline{d\Phi}_S = \left(j\omega_S C_{th} + G_{th} \right) \underline{dT}, \tag{2.9}$$

wobei ω_S die Anregungskreisfrequenz der einfallenden Strahlung ist.

Durch Umstellen und anschließende Betragsbildung von Gleichung (2.9) ergibt sich das typische Tiefpassverhalten entsprechend

$$\underline{dT} = \frac{\alpha \underline{d\Phi}_S}{G_{th}} \frac{1}{1 + j\omega_S \tau_{th}} \tag{2.10}$$

und

$$dT = \frac{\alpha d\Phi_S}{G_{th}} \frac{1}{\sqrt{1 + \omega_S^2 \tau_{th}^{\ 2}}} \tag{2.11}$$

mit der thermischen Zeitkonstante $\tau_{th} = C_{th} / G_{th}$.

Durch Verknüpfung dieser thermischen mit der thermoresistiven Beschreibung aus Gleichung (2.6) folgt die gesuchte Spannungsempfindlichkeit eines Mikrobolometers:

$$R_V = \frac{dU_B}{d\Phi_S} = \frac{\alpha \alpha_R R_B I_B}{G_{th} \sqrt{1 + \omega_S^2 \tau_{th}^2}}. \tag{2.12}$$

In dieser grundlegenden Form wird die Eigenerwärmung des Bolometerwiderstandes R_B durch den Joule'schen Wärmeeintrag vernachlässigt. In Abb. 2.4 ist das zugehörige Ersatzschaltbild eines Mikrobolometers dargestellt.

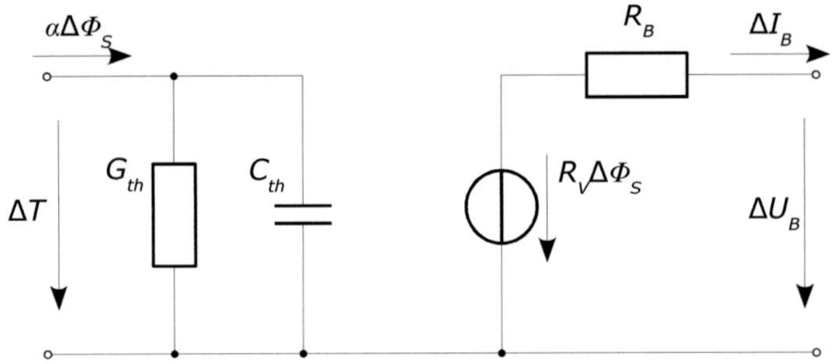

Abb. 2.4 Ersatzschaltbild eines Mikrobolometers bei Betrachtung der grundlegenden thermischen und elektrischen Einflüsse.

Werden zusätzlich thermische Stabilitätskriterien berücksichtigt, ergibt sich eine alternative Beschreibung der Bolometerempfindlichkeit R_V. Der thermische Energieeintrag in das jeweilige Pixel resultiert aus der zugehörigen Leistungsbilanz, welche im statischen Fall durch

$$G_{th} \Delta T = \frac{U_B^2}{R_B(T)} + \alpha \Phi_S. \tag{2.13}$$

gegeben ist. Für kleine Bolometerwiderstände R_B kann dies zu einer signifikanten Eigenerwärmung des Mikrobolometer-Pixels führen, da der thermische Leitwert G_{th} typischerweise äußerst gering ist. Die resultierende Temperaturänderung ΔT_P des Pixels ergibt sich für kleine Strahlungsflüsse aus:

$$\Delta T_P = \frac{U_B^2}{R_B(T)G_{th}} = \frac{I_B^2 R_B(T)}{G_{th}}, \tag{2.14}$$

mit dem Bolometerstrom I_B. Die Eigenerwärmung bewirkt neben der thermischen Belastung der Sensormaterialien eine Verschiebung des Arbeitspunktes, da sowohl der Widerstand als auch der Temperaturkoeffizient des Widerstandes bei Halbleitern temperaturabhängig sind. Je nach verwendeter Ausleseelektronik kann das für metallische (I_B = konstant) oder für halbleitende Bolometer (U_B = konstant) zu einer kontinuierlichen Aufheizung des Sensors führen, die diesen im ungünstigsten Fall zerstört. Für einen gegebenen Sensoraufbau lässt sich eine maximal zulässige Temperaturerwärmung $\Delta T_{P,max}$ angeben, welche durch die Arbeitspunktstabilität oder die thermische Belastbarkeit der Materialien bestimmt wird. Bei Erreichen dieser Temperaturgrenze folgt aus den Gleichungen (2.12) und (2.13) für kleine Strahlungsflüsse die Bolometerempfindlichkeit

$$R_{V,\Delta T_{max}} = \frac{\alpha\alpha_R\sqrt{R_B \Delta T_{P,max}}}{\sqrt{G_{th}\left(1+\omega_S^2\tau_{th}^2\right)}}. \tag{2.15}$$

Die wesentlichen Unterschiede zur Empfindlichkeit aus Gleichung (2.12) sind die direkte Proportionalität zur Wurzel des Bolometerwiderstandes R_B bzw. die indirekte Proportionalität zum thermischen Leitwert G_{th}. In der technischen Anwendung werden Bolometer-Pixel gepulst abgetastet, um den Effekt der Eigenerwärmung zu begrenzen.

Zusätzlich zur Empfindlichkeit R_V ist die Güte eines Sensors durch sein Verhältnis aus Mess- und Rauschsignal gegeben. Dieser Signal-Rausch-Abstand lässt sich durch die rauschäquivalente Leistung *NEP* (Noise Equivalent Power) beschreiben. Sie entspricht der einfallenden Stahlungsintensität $\Delta\Phi_s$, die am Sensorausgang eine Spannungsänderung ΔU_B hervorruft, die gleich dem Spannungsrauschen $\tilde{u}_R$ des Sensors ist. Die *NEP* entspricht folglich der auf den Strahlungsfluss bezogenen Auflösungsgrenze des Sensors und berechnet sich durch:

$$NEP = \frac{\tilde{u}_R \Delta\Phi_S}{\Delta U_B} = \frac{\tilde{u}_R}{R_V}. \tag{2.16}$$

Wichtige Rauschquellen in Mikrobolometern werden im folgenden Abschnitt beschrieben. Eine alternative Angabe dieses Parameters ist die Detektivität D, welche dem reziproken Wert der rauschäquivalenten Leistung *NEP* entspricht:

$$D = \frac{1}{NEP} = \frac{R_V}{\tilde{u}_R}. \tag{2.17}$$

Zur einfacheren Vergleichbarkeit verschiedener Sensorarchitekturen wird zumeist die spezifische Detektivität D^* verwendet:

$$D^* = \frac{\sqrt{A_P}R_V}{\tilde{u}_{Rn}}. \tag{2.18}$$

Diese ist auf die Wurzel der Pixelfläche A_P normiert und wird in Abhängigkeit von der spektralen Rauschspannung $\tilde{u}_{Rn}$ angegeben. Letztere entspricht der auf eine Bandbreite von 1 Hz normierten Rauschspannung.

Ein weiterer wichtiger Sensorkennwert ist die rauschäquivalente Temperaturdifferenz *NETD*. Diese ist im Anhang A hergeleitet. Dieser Kennwert beschreibt die auf die Temperatur des zu detektierenden Objektes bezogene thermische Auflösungsgrenze. Da die *NETD* eine messobjektbezogene Kenngröße ist, wird sie von verschiedenen optischen und geometrischen Parametern sowie der temperaturabhängigen, spektralen spezifischen Ausstrahlung $M_{\lambda S}$ beeinflusst. Die *NETD* berechnet sich durch

$$NETD = \frac{4k_{opt}^{\ 2}+1}{A_P\tau_{opt}\varepsilon}\frac{1}{\int_{\lambda_1}^{\lambda_2}\alpha(\lambda)\frac{\partial M_{\lambda S}}{\partial T}d\lambda}\frac{\tilde{u}_R}{R_V}, \tag{2.19}$$

wobei k_{opt} die Blendenzahl, τ_{opt} der Transmissionsgrad der verwendeten Optik und ε der Emissionskoeffizient des Körpers ist. Unter der Annahme, dass die relevanten Rauschprozesse frequenzunabhängig sind, kann die *NETD* ebenfalls in Abhängigkeit von der spezifischen Detektivität D^* angegeben werden:

$$NETD = \frac{4k_{opt}^{\ 2}+1}{\tau_{opt}\varepsilon\sqrt{A_P}}\frac{1}{\int_{\lambda_1}^{\lambda_2}\alpha(\lambda)\frac{\partial M_{\lambda S}}{\partial T}d\lambda}\frac{\sqrt{\Delta f}}{D^*}, \tag{2.20}$$

wobei Δf die Frequenzbandbreite ist. Die durch den Strahlungsverlauf bedingten Parameter können anhand des Integrals I_M

$$I_M = \int_{\lambda_1}^{\lambda_2}\varepsilon\tau_{opt}\frac{\partial M_{\lambda S}}{\partial T}d\lambda \tag{2.21}$$

zusammengefasst werden. Für $\varepsilon = \tau_{opt} = 1$ ergibt sich im technisch interessanten Wellenlängenbereich von (8…14) µm ein Wert von $I_M = 2{,}64\ \mathrm{W/(m^2K)}$[3].

Mit Ausnahme der im Folgenden dargelegten Rauschprozesse werden an dieser Stelle keine weiteren Einflussfaktoren auf die Sensoreigenschaften beschrieben. Solche resultieren beispielsweise aus der elektrischen Signalauswertung, sind jedoch für den grundlegenden technologischen Entwurf nicht relevant. Ausführliche Betrachtungen hierzu sind in der Literatur zu finden [3, 4].

2.1.2 Rauschen

Rauschen ist vor allem in sensorischen Anwendungen von entscheidender Bedeutung, da es über die Messunsicherheit einen entscheidenden Einfluss auf die Sensorqualität ausübt. Die prinzipielle Natur des Rauschens besteht darin, dass sich viele Einzelvorgänge überlagern, welche nicht deterministisch beschrieben werden können. Somit muss Rauschen als stochastischer Vorgang betrachtet und demzufolge mit Mitteln der Statistik berechnet werden. In technischen Systemen existieren zumeist mehrere Rauschprozesse, die sich gegenseitig überlagern. Dies erfolgt durch Addition der einzelnen Rauschleistungen. Für den Effektivwert der Rauschspannung $\tilde{u}_R$ sowie der spektralen Rauschspannung $\tilde{u}_{Rn}$ gelten:

$$\tilde{u}_R = \sqrt{\sum_k \tilde{u}_{R,k}^2} \tag{2.22}$$

und

$$\tilde{u}_{Rn} = \sqrt{\sum_k \tilde{u}_{Rn,k}^2} \,. \tag{2.23}$$

Im Folgenden werden die für diese Arbeit relevanten Rauschmechanismen näher erläutert [3].

a. Thermisches Rauschen

Die Eigenbewegung der Teilchen infolge der thermisch angeregten Brown'schen Bewegung führt bei elektrischen Widerständen zu einem thermischen Rauschen (auch Wärme-, Nyquist- oder Johnson-Rauschen). Dieses Verhalten kann als normalverteilter Prozess angenommen werden. Thermisches Rauschen ist ein annähernd weißes Rauschen, da die spektrale Rauschleistung $S_{R,th}$ bis zu Frequenzen von ca. 10^{12} Hz frequenzunabhängig ist. Sie ergibt sich aus dem Zusammenhang

$$S_{R,th} = 4k_B T \tag{2.24}$$

und hängt somit nur von der Temperatur T ab. Die obere Grenzfrequenz des thermischen Rauschens resultiert aus der mittleren Stoßzeit der Ladungsträger und kann für die meisten elektrischen Systeme vernachlässigt werden. Die zugehörige spektrale Rauschspannung $\tilde{u}_{Rn,th}$ wird durch

$$\tilde{u}_{Rn,th} = \sqrt{S_{R,th} R} = \sqrt{4k_B TR} \tag{2.25}$$

beschrieben und hängt vom Widerstandswert R des rauschenden Elementes ab. Die resultierende Rauschspannung $\tilde{u}_{R,th}$ ergibt sich durch Integration der spektralen Rauschleistung im gemessenen Frequenzbereich zu

$$\tilde{u}_{R,th} = \sqrt{\int_{f_1}^{f_2} \tilde{u}_{Rn,th} \mathrm{d}f} = \tilde{u}_{Rn,th} \sqrt{\Delta f} \,. \tag{2.26}$$

b. 1/f-Rauschen

Eine Vielzahl physikalischer Vorgänge weist eine Charakteristik auf, deren Auftrittswahrscheinlichkeit mit steigender Geschwindigkeit abnimmt. Erklären lässt sich ein solches Verhalten dadurch, dass der energetische Aufwand steigt, wenn die Änderung des Systems schneller erfolgt. Daraus resultiert ein indirekter Zusammenhang zwischen der spektralen Rauschleistung $S_{R,1/f}$ und der Frequenz f entsprechend

$$S_{R,1/f}(f) \sim \frac{1}{f^{\chi}} \,. \tag{2.27}$$

Der Exponent χ beschreibt die energetischen Bedingungen des Systems. Treten die betrachteten Ereignisse bei doppelter Geschwindigkeit halb so oft auf, gilt $\chi = 1$. Ein solches Rauschen wird als $1/f$-Rauschens (auch rosa Rauschen) bezeichnet. In einer Vielzahl technischer Systeme, wie Halbleitern oder leitfähigen Polymerkompositen, liegt der Exponent im Bereich von $\chi = (0{,}9\ldots1{,}4)$ [5]. Entsprechend der grundlegenden Gleichung (2.27) dominiert dieser Rauschanteil das Rauschspektrum insbesondere im niederfrequenten Bereich. Aus energetischen Gründen kann die Rauschleistung bei sehr niedrigen Frequenzen nicht beliebig steigen. Die einzelnen Bestandteile des $1/f$-Rauschens in elektrischen Systemen sind bis heute nicht vollständig verstanden, lassen sich aber unter anderem durch folgende Einflüsse erklären:

- statistisch schwankende Übergangswiderstände zwischen einzelnen kristallinen Bereichen des Materials oder an Grenzschichten zwischen verschiedenen Materialien,
- Generations-Rekombinations-Mechanismen in Halbleitern,
- Störstellenwanderungen und
- Temperaturfluktuationen innerhalb des Körpers [6].

Als charakteristische Größe des $1/f$-Rauschens wird häufig der Hooge-Parameter α_H verwendet [7]. Dieser ergibt sich aus der empirisch ermittelten Gleichung

$$S_{R,1/f}(f) = \frac{\alpha_H U^2}{Nf} \,, \tag{2.28}$$

wobei N die Anzahl der freien Ladungsträger und U die Spannung über dem rauschenden Element ist. Er liegt sowohl für metallische als auch für halbleitende Festkörper bei $\alpha_H \approx 2 * 10^{-3}$. Für die sensorische Anwendung ist der quadratische Zusammenhang zwischen angelegter Spannung U und der spektralen Rauschleistung $S_{R,1/f}$ zu beachten.

Gleichung (2.28) beschreibt jedoch nur solche Materialien korrekt, die über einen homogenen Leitungsmechanismus im gesamten Volumen verfügen. In leitfähigen Polymerkompositen erfolgt ein Großteil des Ladungstransportes an der Oberfläche der Partikel bzw. zwischen benachbarten Partikeln. In solchen Systemen besteht der allgemeine Zusammenhang, dass die spektrale Rauschleistung indirekt proportional zum Volumen V des betrachteten Körpers ist [5, 8]:

$$S_{R,1/f}(f) \sim \frac{U^2}{Vf^{\chi}}. \tag{2.29}$$

Diese Volumenabhängigkeit ist bereits indirekt in Gleichung (2.28) über die Anzahl der freien Ladungsträger N enthalten. Für die spektrale Rauschspannung $\tilde{u}_{Rn,1/f}$ des 1/f-Rauschens gilt:

$$\tilde{u}_{Rn,1/f} \sim \sqrt{\frac{R}{V}} \frac{U}{f^{\chi/2}}. \tag{2.30}$$

c. *Temperaturfluktuations- und Strahlungsrauschen*

Die Temperatur eines Körpers ist durch die mittlere Eigenbewegung seiner Teilchen bestimmt. Infolge von statistischen Schwankungen der zugehörigen Bewegungsverteilung entsteht das Temperaturfluktuationsrauschen. Die Varianz der Temperaturschwankungen ergibt sich aus [9]

$$\overline{(\Delta T)^2} = \frac{k_B T^2}{C_{th}}, \tag{2.31}$$

wobei C_{th} die Wärmekapazität des betrachteten Körpers und k_B die Boltzmann-Konstante ist. Die in dieser Arbeit untersuchten Mikrobolometerstrukturen entsprechen einem durch einen thermischen Leitwert G_{th} gekoppelten System, bei dem die Wärmekapazität des betrachteten sensitiven Elementes wesentlich geringer ist als die Wärmekapazität der Umgebung. Hier wird der Rauschanteil im sensitiven Bereich durch Temperaturfluktuationen in den umgebenden Bereichen und dem Wärmeaustausch untereinander maßgeblich bestimmt. Für das zugehörige spektrale Wärmeflussrauschen $\bar{\Phi}_{Rn,T}$ lässt sich der Zusammenhang

$$\bar{\Phi}^2_{Rn,T} = 4 k_B G_{th} T_P^2 \tag{2.32}$$

herleiten [3], wobei T_P die Temperatur des Pixels ist.

Das Strahlungsrauschen lässt sich direkt aus Gleichung (2.32) herleiten, wenn dort der thermische Leitwert $G_{th,S}$ der Wärmestrahlung bezogen auf die Pixelfläche A_P gemäß

$$G_{th,S} = 4 \varepsilon \sigma T^3 A_P \tag{2.33}$$

verwendet wird. Hierbei sind ε der Emissionskoeffizient und σ die Stefan-Boltzmann-Konstante. Der resultierende Zusammenhang beschreibt das spektrale Strahlungsflussrauschen $\bar{\Phi}_{Rn,S}$:

$$\bar{\Phi}^2_{Rn,S} = 4\varepsilon k_B \sigma T_P^5 A_P\,. \tag{2.34}$$

Da die beiden Rauschprozesse wellenlängenunabhängig sind, folgt das Wärmeflussrauschen $\bar{\Phi}_{R,T}$ bzw. das Strahlungsflussrauschen $\bar{\Phi}_{R,S}$ durch Multiplikation mit der Wurzel der thermischen Bandbreite $\sqrt{\Delta f_{th}}$. Diese ergibt sich für einen thermischen Tiefpass erster Ordnung aus der thermischen Zeitkonstante τ_{th} entsprechend:

$$\Delta f_{th} = \frac{1}{4\tau_{th}} = \frac{G_{th}}{4C_{th}}\,. \tag{2.35}$$

Die spektrale Rauschspannung $\tilde{u}_{Rn,T,S}$ beider Rauschprozesse ergibt sich für ein Mikrobolometer durch Multiplikation der quadratisch überlagerten spektralen Rauschleistungen $\bar{\Phi}_{Rn,T}$ und $\bar{\Phi}_{Rn,S}$ mit der Spannungsempfindlichkeit R_V:

$$\tilde{u}_{Rn,T,S} = R_V \sqrt{\bar{\Phi}^2_{Rn,T} + \bar{\Phi}^2_{Rn,S}}\,. \tag{2.36}$$

2.2 Polymerkomposite

Die grundlegende Zielstellung dieser Arbeit ist die Untersuchung von aus Polymerkompositen bestehenden IR-sensitiven Mikrobolometerschichten. Ein Komposit (auch Verbundwerkstoff) ist ein Werkstoff, der aus mindestens zwei verschiedenen Materialien besteht. Somit setzen sich Polymerkomposite aus mindestens einem Füllstoff und einem umgebenden Matrixpolymer zusammen. Durch gezielte Zugabe von Füllstoffen lassen sich die vielfältigen physikalischen und chemischen Eigenschaften der Polymere erheblich verändern.

Besondere Bedeutung haben diese Zusatzstoffe heutzutage in verschiedenen industriellen Anwendungen erlangt. So werden bei der Herstellung von Fahrzeugreifen große Mengen von Rußen und Silica-Partikeln (SiO_2) beigemischt, um Rolleigenschaften und Lebensdauer der Reifen zu verbessern. Die Zugabe von Glas- und vor allem Kohlenstofffasern in Duroplasten, wie Epoxidharzen, führt aufgrund der hohen Festigkeit und Steifigkeit (hoher Elastizitätsmodul) der Fasern zu mechanisch äußerst stabilen Verbundsystemen bei gleichzeitig geringem Materialgewicht. Demzufolge finden solche Werkstoffe unter anderem in der Luft- und Raumfahrttechnik, im Fahrzeug- und Gebäudebau und bei der Herstellung von Sportgeräten, wie Tennisschlägern oder Fahrradrahmen, Anwendung.

Als Füllstoffe für Polymere können sehr viele Materialien verwendet werden. Die wichtigsten sind Metalle, Metalloxide, Halbleiter, Keramiken, andere Polymere sowie auf Kohlenstoff basierende Partikel, wie Ruß, Kohlefasern oder Kohlenstoffnanoröhren (CNT). Die geometrische Form der Partikel ist ebenfalls sehr vielfältig und umfasst unter anderem kugel-, zylinder- und röhrenförmige sowie fraktale und komplett unregelmäßige Strukturen. Die charakteristischen Größen der Partikel reichen von wenigen Atomen (Nanometerbereich) bis zu einigen hundert Mikrometern oder sogar Millimetern. Entsprechend ihren Eigenschaften und der Interaktion mit dem Matrixpolymer bewirken die Füllstoffe eine Änderung der mechanischen, optischen, elektrischen oder magnetischen Eigenschaften des Gesamtsystems.

Typische Polymerkomposite werden mit der Zielstellung hergestellt, dass der Füllstoff möglichst homogen verteilt ist. Es lassen sich mit geringem Aufwand reproduzierbare Eigenschaften realisieren, da ein Großteil der Eigenschaften des Komposites vom Anteil des Füllstoffes abhängt. Wichtige Aspekte dieses Zusammenhanges können mit der Perkolationstheorie erklärt werden, welche im Folgenden näher beschrieben wird. Im Anschluss werden die grundlegenden Eigenschaften von Polymeren dargelegt.

2.2.1 Perkolationstheorie

Die Perkolationstheorie beschreibt die Verteilung eines ungeordneten Mediums in einem gegebenen Raum und die daraus resultierenden makroskopischen Eigenschaften. Sie wird zur Beschreibung verschiedener praktischer Probleme, wie dem Zusammenhang aus Füllgrad und Leitfähigkeit von mehrphasigen Stoffsystemen angewendet und eignet sich somit zur Beschreibung der in dieser Arbeit untersuchten leitfähigen Polymerkomposite. Darüber hinaus lassen sich mit der Perkolationstheorie beispielsweise auch Polymerisationsvorgänge, das Fließverhalten flüssiger Stoffe in porösen Medien oder die Ausbreitung von Seuchen und Waldbränden beschreiben. In der klassischen Perkolationstheorie, welche zunächst 1957 von Broadbent und Hammersley beschrieben wurde [10], wird der n-dimensionale Raum in sich wiederholende Strukturen eingeteilt. Mit einer für den gesamten Raum gleich großen Wahrscheinlichkeit p wird entweder den einzelnen Strukturelementen selbst (Knotenperkolation) oder der Verbindung benachbarter Strukturelemente (Kantenperkolation) eine Belegung zugewiesen. Aus verbundenen besetzten Elementen bilden sich Cluster, deren mittlere Größe von der Besetzungswahrscheinlichkeit abhängt. Bei einer bestimmten Besetzungswahrscheinlichkeit, der Perkolationswahrscheinlichkeit p_c, bildet sich ein theoretisch unendlich großer Cluster aus. Die Perkolationswahrscheinlichkeit hängt sowohl von der Struktur des Raumes, der Dimensionalität als auch der Art der Perkolation ab und sinkt mit steigenden Verbindungsmöglichkeiten zwischen den Gitterpunkten und einer höheren Dimensionalität. Außerdem führt die Kantenperkolation im Vergleich zur Knotenperkolation zu geringeren Perkolationswahrscheinlichkeiten. Für einfache Gitterstrukturen sind die Perkolationswahrscheinlichkeiten in Tabelle 2.1 aufgeführt.

Tabelle 2.1 Perkolationswahrscheinlichkeiten für Kantenperkolation $p_{c,b}$ und Knotenperkolation $p_{c,s}$ verschiedener Gitterstrukturen mit Z Verbindungen zwischen den einzelnen Gitterpunkten [11].

2-d-Gitter	Z	$p_{c,b}$	$p_{c,s}$	**3-d-Gitter**	Z	$p_{c,b}$	$p_{c,s}$
Wabengitter	3	0,6527	0,6962	Diamantgitter	4	0,3886	0,4299
Quadratgitter	4	0,5	0,5927	primitiv-kubisch	6	0,2488	0,3116
Dreiecksgitter	6	0,3473	0,5	kubisch-raumzentriert	8	0,1795	0,2464

Für ein quadratisches Gitter ist der Perkolationsübergang bei Knotenperkolation in Abb. 2.5 dargestellt. Zu erkennen ist, dass sich bei Erreichen der Perkolationswahrscheinlichkeit (Abb. 2.5b) ein durchgehendes Netzwerk, bestehend aus verbundenen besetzten Gitterpunkten, von der oberen zur unteren Kante ausgebildet hat.

Abb. 2.5 Perkolationsübergang eines quadratischen Gitters mit Knotenperkolation bei verschiedenen Besetzungswahrscheinlichkeiten p: (a) $p = 0{,}45$, (b) $p = p_{c,s} = 0{,}5927$, (c) $p = 0{,}7$; roter Pfad in (b) zeigt Perkolationsverbindung zwischen oberer und unterer Kante; aus [12].

Die Bestimmung des Perkolationsüberganges in realen Systemen ist von besonderer Bedeutung, da sich bei diesem Phasenübergang verschiedene physikalische Eigenschaften, wie die elektrische Leitfähigkeit in Polymerkompositen, um Größenordnungen ändern. In solchen realen Systemen muss die Raumstruktur typischerweise als kontinuierlich und damit gitterfrei angenommen werden. Dies hat zur Folge, dass die zuvor betrachteten Perkolationswahrscheinlichkeiten kaum aussagekräftig sind. Als Kenngröße des Perkolationsüberganges im kontinuierlichen Raum wird zumeist der kritische Volumenfüllgrad V_P verwendet, welcher dem Volumenanteil des Füllmaterials am Volumen des gesamten Systems entspricht, bei dem sich das unendliche Netzwerk ausbildet. Der kritische Volumenfüllgrad wird im weiteren Text auch als Perkolationsschwelle bezeichnet.

Für sich gegenseitig durchdringbare kugelförmige Strukturen im kontinuierlichen Raum, die willkürlich platziert werden, kann das in der Perkolationstheorie häufig verwendete Schweizer-Käse-Modell angewendet werden. Die Löcher des Käses repräsentieren die sich durchdringbaren Kugeln und ergeben die Perkolationsschwelle, wenn ein durchgehendes Loch von einer Seite zur anderen existiert. Diese kann durch Modellierungen sehr genau bestimmt werden und liegt bei 28,96 % [13] [14].

Die Modellierung perkolativer Systeme von sich nicht durchdringbaren Strukturen ist prinzipiell komplizierter, da diese nicht willkürlich platziert werden können. Erste bedeutende quantitative Ergebnisse für Systeme mit kugelförmigen Strukturen wurden von Scher und Zallen 1970 bestimmt [15]. Durch mathematische Betrachtungen an perkolativen Gitterstrukturen fanden sie heraus, dass der kritische Volumenfüllgrad nahezu unabhängig von der gewählten Gitterstruktur ist. Dieser lässt sich in gitterförmigen Systemen direkt aus der Perkolationswahrscheinlichkeit V_P berechnen:

$$V_P = p_{c,s} F_G \quad (2.37)$$

Der entscheidende Faktor bei dieser Verknüpfung ist der volumenbezogene Füllfaktor F_G des Gitters. Dieser beschreibt die Packungsdichte des Gitters und entspricht dem

Verhältnis des mit sich berührenden Kugeln gefüllten Gitters zum gesamten Volumen. Entsprechende Werte für den kritischen Volumenfüllgrad V_P liegen bei (15...17) %. Daraufhin wurde angenommen, dass diese Perkolationsschwelle als universeller Wert für kugelförmige Strukturen in einem kontinuierlichen Raum existiert. Experimentelle Bestätigungen hierfür wurden jedoch nur bei Systemen gefunden, bei denen gleich große Kugeln aus leitfähigen und nichtleitfähigen Materialien benutzt wurden. Beispiele hierfür sind kritische Volumenfüllgrade V_P von jeweils 17 % für Polymer- und Glaskugeln, bei denen ein Anteil der Kugeln mit einer dünnen Metallschicht überzogen wurde [16, 17].

Neben dem Volumenfüllgrad ist in kontinuierlichen Perkolationssystemen die Kontaktwahrscheinlichkeit benachbarter Elemente von entscheidender Bedeutung. Diese ist in jedem Gittermodell sowie in realen Systemen mit gleich großen Kugeln, die sich mehr oder weniger perfekt in der am dichtest möglichen Packung anordnen, gleich eins, so dass der zuvor beschriebene kritische Volumenfüllgrad V_P von ca. 16 % gilt.

Als extremes Gegenbeispiel hierzu lässt sich ein Perkolationssystem beschreiben, bei dem nicht durchdringbare Kugeln zufällig im Raum platziert werden (Monte-Carlo-Simulation). In einem solchen Fall geht die Kontaktwahrscheinlichkeit gegen null, da der Abstand zwischen zwei Partikeln im Kontaktfall exakt null sein muss. Entsprechende Untersuchungen zeigen, dass die Perkolationsschwelle V_P, soweit sie in diesem Fall überhaupt bestimmbar ist, nahezu der dichtest möglichen Packung von 68 % entspricht [18].

Bei der Beschreibung realer Polymerkomposite ergeben sich Kontaktwahrscheinlichkeiten benachbarter Partikel, die zwischen null und eins liegen und maßgeblich durch den Herstellungsprozess beeinflusst werden. Einflussfaktoren sind sowohl Anziehungs- und Abstoßungskräfte zwischen den Partikeln selbst und zwischen Partikeln und dem Matrixmaterial als auch Eigenbewegungen der Materialien, die während der Kompositherstellung die Verteilung des Partikelnetzwerkes beeinflussen. Diese Größen hängen von einer Vielzahl von Parametern, wie der Temperatur und den chemischen und mechanischen Eigenschaften der Materialien, ab. Entsprechende Modelle liefern für kugelförmige Füllpartikel typischerweise Perkolationsschwellen in einem sehr weiten Bereich von (8...64) % [19, 20]. Eine Vielzahl experimenteller Ergebnisse mit solchen Polymerkompositen zeigen, dass deren Perkolationsschwellen tatsächlich in diesem großen Bereich liegen können [21, 22].

Für zylinderförmige oder ähnliche Strukturen mit großen Aspektverhältnissen $A_V > 10$ im kontinuierlichen drei-dimensionalen Raum liefert das Modell des ausgeschlossenen Volumens verhältnismäßig zuverlässige Vorhersagen über den Zusammenhang von Partikelform und Perkolationsschwelle. Das Aspektverhältnis ist das Verhältnis aus Länge l und Durchmesser d einer Struktur. Im Gegensatz zu den zuvor beschriebenen kugelförmigen Füllpartikeln werden die perkolativen Eigenschaften bei Strukturen mit großen Aspektverhältnissen von der Vergrößerung des Verhältnisses aus Oberfläche und Volumen dominiert. Somit wird der Einfluss von nicht-geometrischen Effekten, wie der Kontaktwahrscheinlichkeit, reduziert. In diesem Modell wurden zunächst Füllstoffe betrachtet, die sich gegenseitig durchdringen können [23]. Später zeigte sich, dass dieses Modell ebenfalls für reale Partikel, die durch einen harten Kern (dem Partikel selbst) und einen durchdringbaren Interaktionsbereich um das Partikel (Bereich möglicher Tunnel- und Hoppingprozesse) beschrieben werden, gute Ergebnisse liefert [24, 25]. Das Modell besagt, dass die auf das Volumen bezogene Partikelanzahl bei der Perkolationsschwelle n_c und das ausgeschlossene Volumen V_{ex} eines Partikels indirekt proportional zueinander sind:

$$n_c V_{ex} = c_{ex} . \tag{2.38}$$

Die Proportionalitätskonstante c_{ex} variiert geringfügig in Abhängigkeit von der Partikelform und der mittleren Ausrichtung und kann Werte im Bereich (1…1,8) haben [26, 27]. Mit steigender Anisotropie der Füllpartikel nähert sich die Konstante dem Grenzfall von $c_{ex} = 1$ an [28]. Das ausgeschlossene Volumen eines Partikels ist als der Bereich um ein Partikel definiert, in dem sich der geometrische Mittelpunkt eines zweiten Partikels der gleichen Struktur nicht befinden darf (siehe Abb. 2.6).

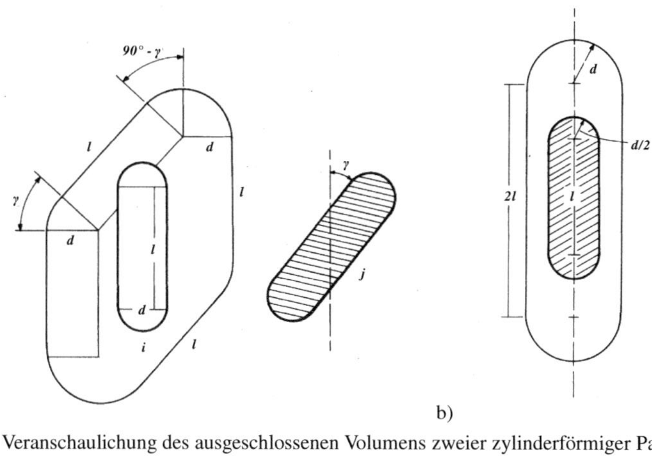

Abb. 2.6 Veranschaulichung des ausgeschlossenen Volumens zweier zylinderförmiger Partikel mit halbkugelförmigen Kappen *i* und *j*; *d* Durchmesser, *l* Länge und γ Winkel zwischen den Achsen der Zylinderstrukturen für (a) $\gamma > 0$ und (b) $\gamma = 0$ (aus [23]).

Für die in Abb. 2.6 dargestellten Zylinderstrukturen mit halbkugelförmigen Kappen lässt sich das ausgeschlossene Volumen $V_{Z,ex}$ wie folgt berechnen [23]:

$$V_{Z,ex} = (4\pi / 3)d^3 + 2\pi d^2 l + 2dl^2 \sin\gamma . \tag{2.39}$$

Für eine zufällige Verteilung der Zylinder ergibt sich für den mittleren Winkel $\bar{\gamma}$ die Beziehung $\sin\bar{\gamma} = \pi / 4$ und somit:

$$\bar{V}_{Z,ex} = (4\pi/3)d^3 + 2\pi d^2 l + (\pi/2)dl^2. \tag{2.40}$$

Der Einfluss des Aspektverhältnisses A_V auf die Perkolationsschwelle V_P wird maßgeblich durch das Verhältnis des ausgeschlossenen Volumens V_{ex} zum eigentlichen Volumen V der Struktur bestimmt. Für die zuvor beschriebenen Zylinderstrukturen ergibt sich dieses zu

$$\frac{\bar{V}_{Z,ex}}{V_Z} = \frac{(4\pi/3)d^3 + 2\pi d^2 l + (\pi/2)dl^2}{(\pi/6)d^3 + (\pi/4)d^2 l} \tag{2.41}$$

und der Grenzwert bei großen Aspektverhältnissen zu

$$\lim_{l/d \to \infty} \frac{\bar{V}_{Z,ex}}{V_Z} = \frac{l}{2d}. \tag{2.42}$$

Der allgemeine Zusammenhang zwischen dem ausgeschlossenen Volumen und dem kritischen Volumenfüllgrad $V_{P,d}$ für Systeme mit gegenseitig durchdringbaren Füllpartikeln lässt sich durch

$$V_{P,d} = 1 - e^{-(c_{ex}V/V_{ex})} \tag{2.43}$$

beschreiben [29]. Für Strukturen mit einem großen Verhältnis von ausgeschlossenem und tatsächlichem Volumen (und damit einem großen Aspektverhältnis) nähert sich Gleichung (2.43) der allgemeinen Beschreibung des kritischen Volumenfüllgrades $V_{P,u}$ von sich nicht durchdringbaren Partikeln an, welcher durch

$$V_{P,u} = n_c V = \frac{c_{ex}V}{V_{ex}} \left(\approx V_{P,d} \text{ für große } \frac{V_{ex}}{V} \right) \tag{2.44}$$

gegeben ist.

Für große Aspektverhältnisse A_V folgt entsprechend den Gleichungen (2.42) und (2.44) der Zusammenhang, dass der kritische Volumenfüllgrad von zylinderförmigen Strukturen (sowohl mit als auch ohne Kappen) indirekt proportional zum Aspektverhältnis ist:

$$V_P \sim \frac{d}{l}. \tag{2.45}$$

In Tabelle 2.2 werden die perkolativen Eigenschaften einiger in der Literatur beschriebener Polymerkomposite aufgeführt und mit dem Modell des ausgeschlossenen Volumens verglichen. Der Vergleich zeigt, dass dieses Modell eine verhältnismäßig gute Beschreibung realer Komposite mit größeren Aspektverhältnissen liefert.

Tabelle 2.2 Vergleich von geometrischen Eigenschaften und kritischem Volumenfüllgrad realer Polymerkomposite mit dem Modell des ausgeschlossenen Volumens nach den Gleichungen (2.41) und (2.43) für $c_{ex} = (1\ldots1{,}8)$; d Durchmesser, l Länge, A_V Aspektverhältnis, V_P Perkolationsschwelle.

Füllpartikel	d [µm]	l [µm]	A_V	V_P [%]	$V_{P,\,Modell}$ [%]	Ref.
Leitruß	0,08	0,5	6,25	7,2	5,1 .. 8,9	[30]
Kohlefaser	8	1000	125	0,98	0,39 .. 0,70	[31]
CNT (Bündel)	0,006	3	500	0,05	0,10 .. 0,18	[32]

Die zuvor betrachteten mathematischen Zusammenhänge zur Bestimmung der Perkolationsschwelle V_P gelten unter der Annahme eines genügend großen Raumes. Sinken dessen Abmessungen in die Größenordnung der enthaltenen Strukturen, muss die Größe des betrachteten Raumes ebenfalls berücksichtigt werden. Dabei muss zwischen den Fällen unterschieden werden, bei denen die Dicke längs oder quer zum untersuchten Perkolationspfad kleiner wird. Bei ersterem sinkt die Perkolationsschwelle mit fallender Dicke. Der zweite Fall entspricht der in dieser Arbeit verwendeten geometrischen Anordnung. Die untersuchten leitfähigen Polymerkomposite werden seitlich kontaktiert und haben eine Schichtdicke d_S, die zumeist klein gegenüber dem Elektrodenabstand ist. Unter diesen Bedingungen steigt die Perkolationsschwelle V_P mit sinkender Schichtdicke entsprechend dem Zusammenhang [33]

$$V_P(d_S) = V_P(d_S \rightarrow \infty) + c_1 \left(\frac{d}{d_S} \right)^{1{,}14}, \tag{2.46}$$

wobei c_1 ein Parameter in Abhängigkeit von der Partikelform ist.

Das allgemeine Verhalten der elektrischen Leitfähigkeit σ in Abhängigkeit vom Volumenfüllgrad V_F des leitfähigen Füllmaterials wird in der Perkolationstheroie durch folgenden Zusammenhang wiedergegeben [11]:

$$\sigma \sim (V_F - V_P)^t, \tag{2.47}$$

wobei t ein Parameter ist, der in der Literatur typischerweise als universale Konstante mit $t \approx 2$ angeben wird. Die Gültigkeit von Gleichung (2.47) beschränkt sich auf Systeme, bei denen das Matrixmaterial keine elektrische Leitfähigkeit aufweist. Mit Ausnahme von intrinsisch leitfähigen Polymeren ist diese Annahme für polymere Werkstoffe aufgrund der sehr geringen Eigenleitfähigkeit üblicherweise erfüllt.

2.2.2 Polymere

Polymere bestehen aus einzelnen, sich wiederholenden Bestandteilen (Monomeren), welche durch geeignete Syntheseverfahren zu makromolekularen Polymeren zusammengefügt werden können (Abb. 2.7). Zumeist lagern sich diese hintereinander an, so dass sich eindimensionale Kettenstrukturen bilden. Polymere können aus genau einem Monomer bestehen (Homopolymer) oder aus zwei oder mehreren Monomerarten (Copolymer bzw. Heteropolymer) aufgebaut sein.

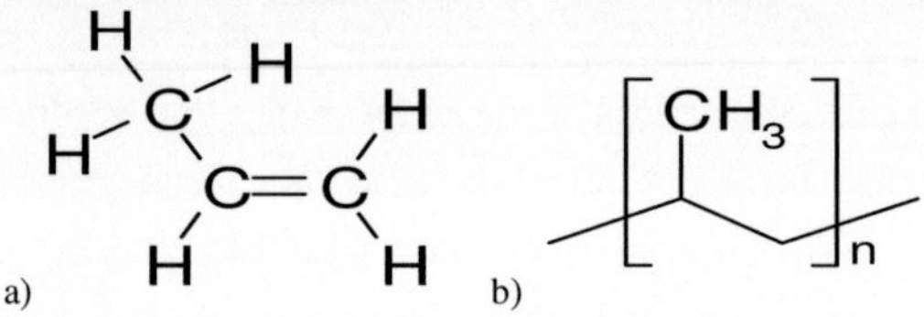

Abb. 2.7 Chemische Struktur (a) des Monomers Propen und (b) des zugehörigen Polymers Polypropylen.

Die chemischen und physikalischen Eigenschaften eines Polymers werden maßgeblich durch den chemischen Aufbau des Monomers und dessen Verteilung in der polymeren Kette bestimmt. Dies resultiert vor allem aus der Art und damit der Stärke der zwischenmolekularen Bindungen, wodurch die folgenden wesentlichen Eigenschaften des gesamten Werkstoffes beeinflusst werden [34]:

- die Stärke der Bindungen zwischen einzelnen Polymerketten und damit die mechanischen Eigenschaften des makroskopischen Körpers,
- die Oberflächeneigenschaften des Polymers und
- das Verhalten zu Lösungsmitteln.

Die Charakteristik der nicht kovalenten Bindungen zwischen den Polymerketten ergibt sich aus den jeweiligen Elektronegativitäten der Atome und der daraus entstehenden Ladungsverschiebungen. Die resultierenden elektrischen Dipolmomente bestimmen das Maß der Polarität des Polymers. Verbindungen mit großer Polarität interagieren stark mit anderen polaren Stoffen über Dipol-Dipol-Bindungen oder Wasserstoffbrückenbindungen. Solche Polymere üben dementsprechend große Anziehungskräfte auf das stark polare Wasser aus und haben demzufolge hydrophile Eigenschaften. Ähnliche Zusammenhänge gelten für unpolare, hydrophobe Verbindungen. Solche dispersen Wechselwirkungen erfolgen über induzierte Dipole, welche aus zeitlich und räumlich veränderlichen Schwankungen der Ladungsverteilung der eigentlich unpolaren Stoffe resultieren. Die Bindungsstärke ist im Vergleich zu polaren Bindungen geringer.

Parametrisch lassen sich die Einflüsse der einzelnen Bindungsarten unter anderem durch die Hansen-Löslichkeitsparameter beschreiben [35]. Diese werden verwendet, um Vorhersagen über das zu erwartende Lösungsverhalten eines Polymeres und eines Lösungsmittels treffen zu können. Die Hansen-Löslichkeitsparameter δ_d, δ_p und δ_h beziehen sich auf die Einflüsse infolge von dispersen, polaren und auf Wasserstoffbrückenbindungen beruhenden Interaktionen. Sie ergeben sich jeweils über den Zusammenhang

$$\delta_{d,p,h} = \sqrt{\frac{\Delta E_{d,p,h}}{V_m}} \tag{2.48}$$

aus den zugehörigen energetischen Anteilen ΔE_d, ΔE_p, ΔE_h und dem molaren Volumen V_m. Die Summe der energetischen Anteile entspricht der Verdampfungsenergie des Stoffes, da bei diesem Vorgang sämtliche zwischenmolekulare Wechselwirkungen aufgebrochen werden müssen. Da sich die Anteile der Energien linear überlagern, addieren sich die Hansen-Löslichkeitsparameter quadratisch zu:

$$\delta_{ges} = \sqrt{\delta_d^{\,2} + \delta_p^{\,2} + \delta_h^{\,2}}\ . \tag{2.49}$$

Zur Bestimmung des Lösungsverhaltens eines Polymeres (Index P) und eines Lösungsmittels (Index L) muss der geometrische Abstand $D_{(P\text{-}L)}$ zwischen den beiden Hansen-Löslichkeitsparametern entsprechend dem Zusammenhang

$$D_{(P-L)} = \sqrt{4\left(\delta_{d,P} - \delta_{d,L}\right)^2 + \left(\delta_{p,P} - \delta_{p,L}\right)^2 + \left(\delta_{h,P} - \delta_{h,L}\right)^2} \tag{2.50}$$

betrachtet werden. Ist dieser kleiner als der Interaktionsradius R_P des Polymers, kann ein gutes Lösungsverhalten erwartet werden. Sämtliche Parameter lassen sich sowohl experimentell als auch theoretisch aus dem molekularen Aufbau ermitteln. Der Faktor 4 in Gleichung (2.50) verdoppelt den Einfluss des dispersen Anteils und rechtfertigt sich durch die Ähnlichkeit der anderen beiden Wechselwirkungsarten.

Ein weiterer Parameter, der auf den molekularen Wechselwirkungen innerhalb des Körpers basiert, ist die Oberflächenspannung einer Flüssigkeit σ_L. Diese entspricht derjenigen Arbeit ΔW, die aufgewendet werden muss, um die Oberfläche A der Flüssigkeit um eine Oberfläche ΔA zu vergrößern:

$$\sigma_L = \frac{\Delta W}{\Delta A}\ . \tag{2.51}$$

Sie resultiert daraus, dass ein Teil der Bindungen der oberflächennahen Moleküle keinen gleichwertigen Wechselwirkungspartner hat. Somit befinden sich diese Moleküle in einem höheren energetischen Zustand und sind bestrebt, die Gesamtoberfläche des Körpers zu verkleinern. Die Oberflächenspannung einer Flüssigkeit bestimmt deren Benetzungsverhalten auf einem Festkörper über den Zusammenhang:

$$\cos\theta = \frac{\sigma_S - \sigma_{SL}}{\sigma_L}\ . \tag{2.52}$$

Dabei beeinflussen die energetischen Zustände des Festkörpers über dessen Oberflächenspannung σ_S und die Grenzflächenspannung σ_{SL} zwischen Festkörper und Flüssigkeit ebenfalls die Stärke der Benetzung. Diese wird durch den Kontaktwinkel θ charakterisiert (Abb. 2.8).

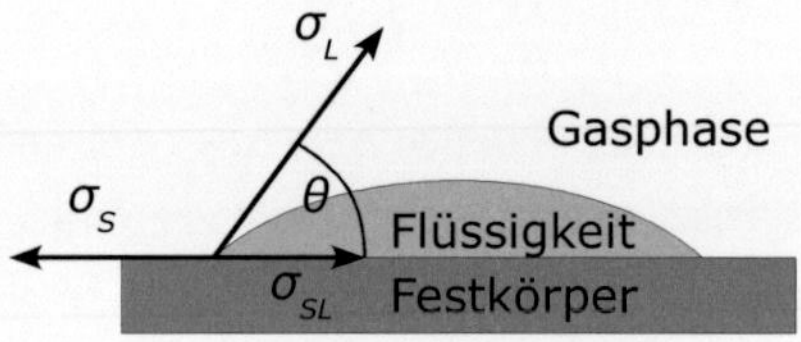

Abb. 2.8 Benetzungsverhalten einer Flüssigkeit auf einem Festkörper.

Aufgrund der vergleichbaren physikalischen Grundlagen lässt sich die Oberflächenspannung einer Flüssigkeit aus den Hansen-Löslichkeitsparametern berechnen [36]:

$$\sigma_L = c_1 V^{1/3}\left[\delta_d^{\,2} + c_2\left(\delta_p^{\,2} + \delta_h^{\,2}\right)\right], \tag{2.53}$$

mit den empirisch ermittelten Konstanten $c_1 = 0{,}0715$ und $c_2 = 0{,}632$.

Die Bindungseigenschaften und der strukturelle Aufbau der Polymere ermöglichen eine Unterteilung entsprechend ihrer Herstellungs- und Anwendungsmöglichkeiten in Thermoplaste, Elastomere und Duroplaste (Abb. 2.9):

- Thermoplaste beinhalten einzelne, nicht vernetzte Polymerketten, die sich bei Erwärmung erweichen und somit leicht in die gewünschte Form bringen lassen. Der Großteil der heutzutage verwendeten Polymere gehört zu dieser Gruppe. Beispiele sind Polyethylen, Polypropylen, Polystyrol und verschiedene Polyester.
- Die einzelnen Ketten von Elastomeren sind an relativ wenigen Punkten miteinander vernetzt. Diese Kettenvernetzungen sind kovalent gebunden und werden typischerweise durch zusätzliche Vernetzungsmoleküle aufgebaut. Die Vernetzung erfolgt zumeist in einem zweiten Schritt nach der eigentlichen Polymersynthese. Elastomere werden oberhalb der Glasübergangstemperatur eingesetzt und zeigen dann aufgrund ihrer Vernetzungspunkte ein dimensionsstabiles elastisches Verhalten. Typische Elastomere sind Naturkautschuke und Butadien-Copolymere.
- Duroplaste verfügen über einen hohen Vernetzungsgrad zwischen den einzelnen Polymerketten. Das resultierende drei-dimensionale Netzwerk hat eine stabile Struktur mit spröden Eigenschaften. Eine Temperaturerhöhung führt, ähnlich wie bei den Elastomeren, nicht zu einem Aufschmelzen des Werkstoffes, sondern zu seiner Zersetzung. Die Formgebung erfolgt während der Vernetzung oder anschließend durch mechanische Bearbeitung. Polyurethane, Epoxid- und Phenolharze sind wichtige Duroplaste.

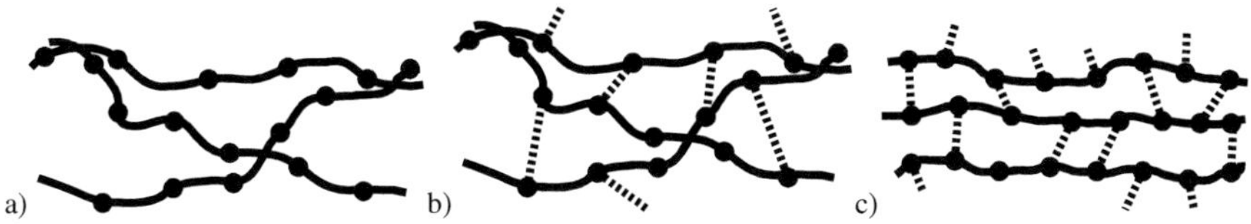

Abb. 2.9 Struktureller Aufbau der Polymerarten: (a) Thermoplaste, (b) Elastomere und (c) Duroplaste. Gestrichelte Linien entsprechen Vernetzungen der Polymerketten (durchgezogene Linien).

2.3 Partikelausrichtung mittels Dielektrophorese

Wie im vorherigen Abschnitt aufgeführt, lassen sich Polymerkomposite mit statistisch verteilten Füllpartikeln mit gewissen Einschränkungen durch die Perkolationstheorie beschreiben. Für ein solches Materialsystem mit gegebenen elektrischen und geometrischen Eigenschaften der Füllpartikel besteht ein eindeutiger Zusammenhang zwischen dem Füllgrad und der elektrischen Leitfähigkeit des Polymerkomposites. Die in Abhängigkeit von der jeweiligen Anwendung benötigte elektrische Leitfähigkeit und der daraus resultierende Füllgrad schränken den Einsatz solcher Systeme bei verschiedenen technologischen Prozessen jedoch häufig ein. Dies trifft vor allem auf mikrosystemtechnische Anwendungen zu. Hier werden Polymere bzw. Lacke mit Schichtdicken und Strukturbreiten im Mikrometer- bzw. im Submikrometerbereich verwendet. Entsprechende Schichtbildungs- und Strukturierungsverfahren, wie die Rotationsbeschichtung (Spin-Coating) oder lithografische Verfahren nutzen die viskosen Fließeigenschaften der Polymere. Durch Zugabe von Füllstoffen ändern sich die Eigenschaften des gesamten Polymersystems, so dass die entsprechenden Technologien nur bis zu einem gewissen Füllgrad angewendet werden können.

Das Anwendungsspektrum von leitfähigen Polymerkompositen kann durch eine gezielte Umorientierung bzw. Ausrichtung der Partikel im Füllstoff vergrößert werden. Ziel einer solchen Ausrichtung ist die Schaffung eines leitfähigen Netzwerkes zwischen entsprechenden Elektroden bei einem möglichst geringen Füllgrad. Zur Ausrichtung von Mikro- oder Nanopartikeln finden sich in der Literatur verschiedene technologische Ansätze:

- Parallel zueinander ausgerichtete Nanonadeln können bei geeigneten Bedingungen durch Wachstum aus der Gasphase erzeugt werden. Beispiele hierfür sind Nanostäbchen aus ZnO [37] und CNT [38, 39].
- Durch das Auffüllen poröser Polymere mittels verschiedener nass- und trockenchemischer Abscheidungsverfahren lässt sich die Zusammensetzung des Komposites

durch die Lochverteilung und -geometrie des ursprünglichen porösen Polymers bestimmen. Diese wiederum lässt sich gezielt einstellen, z.B. durch Ionenbestrahlung oder geeignete Stempeltechniken [40].

- Magnetische Partikel, wie Nickelnanodrähte [41] oder CNT [42, 43], lassen sich durch Anlegen von geeigneten Magnetfeldern ausrichten.
- In elektrischen Feldern wirken elektrostatische Kräfte auf Partikel, deren Ladungen infolge des äußeren elektrischen Feldes getrennt werden. Diese Polarisation kann in inhomogenen elektrischen Feldern die Ausbildung von Partikelketten zwischen den felderzeugenden Elektroden verursachen. Der zugehörige Effekt wird als Dielektrophorese bezeichnet.

Mit Ausnahme der dielektrophoretischen Ausrichtung sind die zuvor beschriebenen Ausrichtungstechniken auf einige spezielle Anwendungsgebiete beschränkt. Gründe hierfür sind deren begrenzte Materialauswahl oder die fehlende Möglichkeit, die Lage der Partikel im Anschluss an ihren Herstellungsprozess zu beeinflussen. Im Gegensatz dazu ermöglicht die Dielektrophorese die Ausrichtung nahezu aller Partikel verschiedenster Formen und Größen vom Submikrometer- bis in den Millimeterbereich in geeigneten flüssigen Medien. Die benötigten Elektroden können dabei gezielt strukturiert und damit sowohl zur Erzeugung des elektrischen Feldes als auch zur Kontaktierung des entstandenen Netzwerkes in der späteren Anwendung verwendet werden.

2.3.1 Wirkprinzip

Die theoretischen Grundlagen der Dielektrophorese wurden zunächst 1978 durch Pohl beschrieben [8]. Die zugehörige Kraftwirkung auf Moleküle und Partikel basiert auf deren Polarisierbarkeit. In einem polarisierten Stoff existieren elektrische Ladungen räumlich getrennt voneinander. Diese können sowohl aus dem molekularen Aufbau eines Stoffes resultieren, bei dem verschiedene Elemente mit unterschiedlichen Elektronegativitäten oder Ionenladungen vorhanden sind, als auch durch ein äußeres elektrisches Feld verursacht werden.

Die dielektrophoretische Kraftwirkung $\vec{F}_{Dep}$ eines äußeren elektrischen Feldes $\vec{E}$ auf ein einzelnes, getrenntes Ladungsträgerpaar (Dipol) mit zwei inversen Ladungen q im Abstand $\vec{d}_d$ und dem Ortsvektor $\vec{r}$ lässt sich durch

$$\vec{F}_{Dep} = q\vec{E}(\vec{r} + \vec{d}_d) - q\vec{E}(\vec{r}) \tag{2.54}$$

beschreiben (Abb. 2.10) [44]. Eine resultierende dielektrophoretische Kraft ergibt sich, wenn die elektrischen Feldstärken an den beiden Elementarladungen ungleich sind. Sie wirkt in Richtung der größeren Feldstärke.

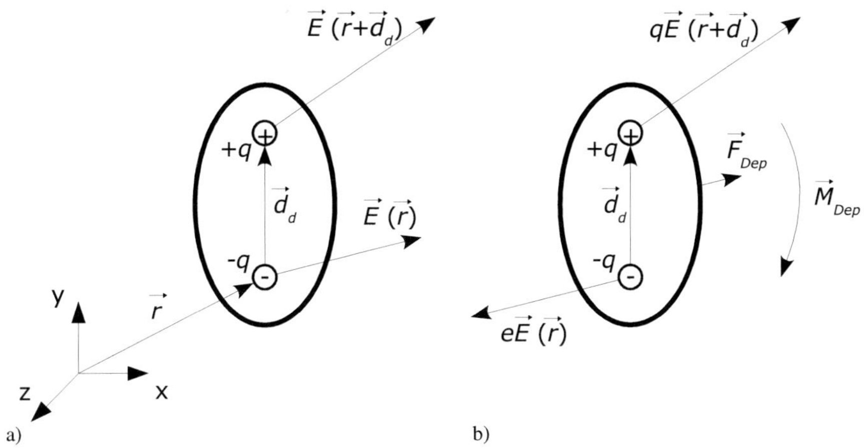

Abb. 2.10 Wirkung der (a) elektrischen Feldstärke E und (b) der resultierenden dielektrophoretischen Kraft $\vec{F}_{Dep}$ sowie des dielektrophoretischen Drehmomentes $\vec{M}_{Dep}$ auf einen Dipol in einem inhomogenen äußeren elektrischen Feld.

Unter der Annahme, dass der polarisierte Körper klein gegenüber den charakteristischen Größen des inhomogenen elektrischen Feldes ist, lässt sich dieses durch die nach dem ersten Glied abgebrochene Taylorreihe beschreiben

$$\vec{E}(\vec{r}+\vec{d}_d)=\vec{E}(\vec{r})+\vec{d}_d\nabla\vec{E}(\vec{r})\,. \tag{2.55}$$

Mit Verwendung des Dipolmomentes $\vec{p}=q\vec{d}_d$ ergibt sich die dielektrophoretische Kraft zu

$$\vec{F}_{Dep}=q\vec{d}_d\nabla\vec{E}=\vec{p}\nabla\vec{E}\,. \tag{2.56}$$

Zur Bestimmung der dielektrophoretischen Kraft größerer Körper lässt sich in Abhängigkeit von ihrer Geometrie und der elektrischen Eigenschaften ein effektives Dipolmoment $\vec{p}_{eff}$ berechnen. Bei kugelförmigen Partikeln entspricht dieses

$$\vec{p}_{eff}=4\pi R^3\varepsilon_M\,\mathrm{Re}\left(\underline{K}\right)\vec{E}\,, \tag{2.57}$$

mit dem Radius R, dem Clausius-Mossotti-Faktor $\underline{K}$

$$\underline{K}=\frac{\underline{\varepsilon}_P-\underline{\varepsilon}_M}{\underline{\varepsilon}_P+2\underline{\varepsilon}_M}\,, \tag{2.58}$$

und den komplexen Permittivitäten des Partikels $\underline{\varepsilon}_P$ und des umgebenden Mediums $\underline{\varepsilon}_M$

$$\underline{\varepsilon}_{P,M}=\varepsilon_{P.M}-j\sigma_{P,M}\,/\,\omega_{el}\,. \tag{2.59}$$

Die Herleitung des effektiven Dipolmomentes $\vec{p}_{eff}$ erfolgt in Anhang B.

Des Weiteren hängt das effektive Dipolmoment vom Partikelradius R, den realen Permittivitäten und den elektrischen Leitfähigkeiten des Partikels ε_P, σ_P und des umgebenden Mediums ε_M, σ_M sowie der Kreisfrequenz des elektrischen Feldes ω_{el} ab. In Gleichung (2.59) werden weitere frequenzunabhängige dielektrische Verluste vernachlässigt. Durch Einsetzen von Gleichung (2.57) in Gleichung (2.56) ergibt sich die in der Literatur zumeist verwendete Näherung für die dielektrophoretische Kraftwirkung auf ein sphärisches Partikel [44, 45]

$$\vec{F}_{Dep,K} = 2\pi R^3 \varepsilon_M \operatorname{Re}(\underline{K}) \nabla E^2 . \tag{2.60}$$

Das Vorzeichen von $\operatorname{Re}(\underline{K})$ bestimmt die Richtung der Kraftwirkung auf das Partikel. Bei positiver Dielektrophorese ($\operatorname{Re}(\underline{K}) > 0$) wird dieses in Richtung der größeren elektrischen Feldstärke und bei negativer Dielektrophorese ($\operatorname{Re}(K) < 0$) in die entgegengesetzte Richtung bewegt. Aufgrund der Frequenzabhängigkeit der komplexen Permittivitäten hängt auch der Clausius-Mossotti-Faktor $\underline{K}$ von der Frequenz ab. Die Grenzwerte für sehr kleine und sehr große Frequenzen sowie elektrisch nicht leitende Stoffe ergeben sich zu

$$\operatorname{Re}(\underline{K}) \to \begin{cases} \dfrac{\sigma_P - \sigma_M}{\sigma_P + 2\sigma_M} & \text{für } \omega_{el}\tau_{Dep} << 1 \\ \dfrac{\varepsilon_P - \varepsilon_M}{\varepsilon_P + 2\varepsilon_M} & \text{für } \omega_{el}\tau_{Dep} >> 1 \end{cases} \tag{2.61}$$

mit

$$\tau_{Dep} = \frac{\varepsilon_P + \varepsilon_M}{\sigma_P + \sigma_M} . \tag{2.62}$$

In Abb. 2.11 wird die Frequenzabhängigkeit von $\underline{K}$ für zwei unterschiedliche Fälle gezeigt, deren Kraftwirkungsrichtung sich bei einer bestimmten Frequenz invertiert.

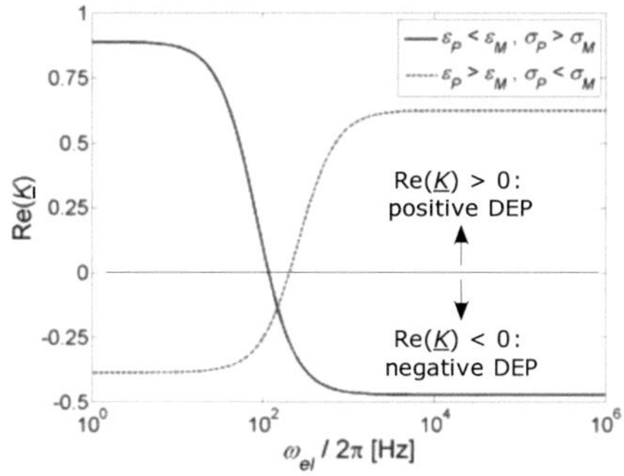

Abb. 2.11 Frequenzabhängigkeit des Realteils des Clausius-Mossotti-Faktors $\underline{K}$ für zwei Stoffsysteme aus Partikeln und umgebendem Medium mit gegebenen Verhältnissen ihrer Permittivitäten und elektrischen Leitfähigkeiten.

Die Wirkung der Dielektrophorese lässt sich ebenfalls für Ellipsoide analytisch beschreiben [44]. Die in dieser Arbeit untersuchten zylinderähnlichen Strukturen (Tellurnadeln) können durch stark anisotrope Ellipsoide genähert werden, deren eine Hauptachse R_a sehr viel größer als die anderen Hauptachsen R_b und R_c ist ($R_a >> R_b \approx R_c$). Für ein solches Ellipsoid wird die dielektrophoretische Kraftwirkung bestimmt durch

$$\vec{F}_{Dep,E} = \frac{2\pi R_a R_b^2}{3} \operatorname{Re}\left(\underline{\varepsilon}_P - \underline{\varepsilon}_M\right) \nabla E^2 . \tag{2.63}$$

Diese Gleichung gilt, wenn der Winkel θ zwischen dem elektrischen Feldstärkevektor und der größten Hauptachse R_a des Ellipsoids gleich null ist. Das wirkende Drehmoment $M_{Dep,E}$ auf ein solches Ellipsoid beträgt dabei

$$M_{Dep,E} = \frac{2\pi R_a^3}{3} \left[\frac{\varepsilon_M}{\ln(2R_a / R_b) - 1} \right] E^2 \sin 2\theta . \tag{2.64}$$

Der Sinusterm verursacht die Ausrichtung der längsten Hauptachse parallel zur elektrischen Feldstärke und rechtfertigt die Verwendung von Gleichung (2.63) zur Beschreibung der dielektrophoretischen Kraftwirkung bei solchen Ellipsoiden.

Interessant für den praktischen Teil dieser Arbeit ist der Vergleich der dielektrophoretischen Kräfte, die auf eine Kugel und ein stark anisotropes Ellipsoid wirken. Dieser ist in Abb. 2.12 für gleiche Volumina und elektrische Feldverteilungen dargestellt.

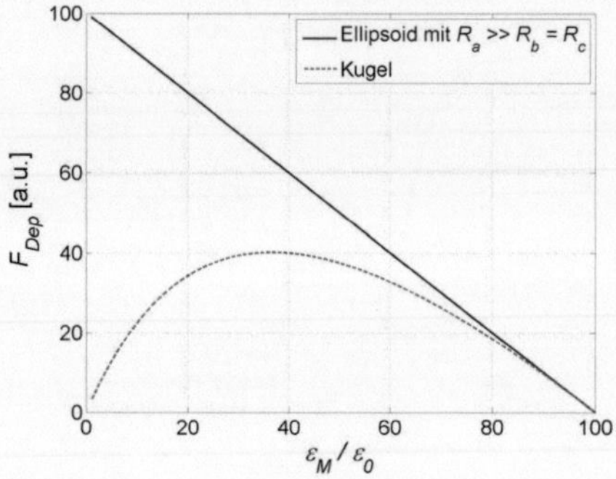

Abb. 2.12 Betrag der dielektrophoretischen Kraft auf ein stark anisotropes Ellipsoid und eine Kugel in Abhängigkeit von der relativen Permittivität ($\varepsilon_M / \varepsilon_0$) des umgebenden Mediums gemäß den Gleichungen (2.60) und (2.63); $\varepsilon_P / \varepsilon_0 = 100$; $V_{Ellipsoid} = V_{Kugel} = 0{,}5$ a.u.; $\nabla E^2_{Ellipsoid} = \nabla E^2_{Kugel} = 1$ a.u., $\sigma_{Ellipsoid} = \sigma_{Kugel} = 0$.

Bei positiver Dielektrophorese ist die Kraftwirkung F_{Dep} auf das anisotrope Ellipsoid, unabhängig vom Verhältnis der Permittivitäten ε_P und ε_M, größer. Der Grund hierfür ist, dass bei kugelförmigen Strukturen die unterschiedlich gepolten Ladungsträger verhältnismäßig nah beieinander liegen. Diese üben einen Einfluss auf die umgebende Potenzialverteilung aus, was zu einer wechselseitigen lokalen Abschwächung der Feldstärke und damit der Polarisationswirkung führt. Im Gegensatz dazu beeinflussen sich die Ladungsträger an den Enden eines stark anisotropen Ellipsoids aufgrund ihres großen Abstands nahezu nicht. Daraus ergibt sich die Abhängigkeit von der Permittivitätsdifferenz ($\underline{\varepsilon}_P - \underline{\varepsilon}_M$) in Gleichung (2.63). Auffällig ist das auftretende Maximum der dielektrophoretischen Kraft für kugelförmige Strukturen. Die Ursache hierfür liegt ebenfalls in der Wechselwirkung des Dipols mit dem umgebenden Medium und resultiert mathematisch daraus, dass $\underline{\varepsilon}_M$ zusätzlich zum Einfluss auf Re($\underline{K}$) direkt proportional zu $\vec{F}_{Dep,K}$ ist (Gleichung (2.60)).

Für die sensorische Nutzung von resistiven Polymerkompositen ist die Ausbildung von elektrisch leitfähigen Verbindungen zwischen den Elektroden von essentieller Bedeutung. Entsprechende Strukturen von Partikelketten werden während der dielektrophoretischen Ausrichtung bevorzugt erzeugt. Die Ursache für die Ausbildung solcher Kettenstrukturen resultiert aus zwei sich überlagernden Effekten:

- Partikel mit induzierter (oder permanenter) Polarisation, deren Lage zueinander parallel zum elektrischen Feld ist, erfahren aufgrund der benachbarten inversen Ladungsträger elektrostatische Anziehungskräfte. Im Gegensatz dazu stoßen sich Partikel ab, die senkrecht zum elektrischen Feld angeordnet sind (Abb. 2.13a).
- Die Partikel verursachen selbst eine lokale Änderung des elektrischen Feldes, welche sowohl am Ende einer bereits teilweise ausgebildeten Kettenstruktur als auch an

den Spitzen von anisotropen Partikeln zu sehr großen Feldstärkegradienten und damit dielektrophoretischen Kräften führt (Abb. 2.13b).

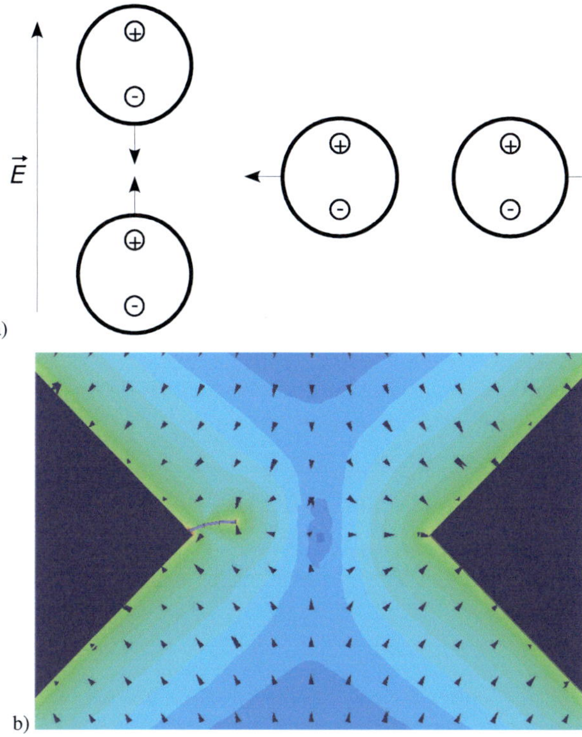

Abb. 2.13 Veranschaulichung der Effekte, die die Ausbildung einer Kettenstruktur einzelner Partikel im elektrischen Feld bewirken: (a) elektrostatische Kraftwirkung (Pfeile ohne Beschriftung) zwischen polarisierten Partikeln und (b) dielektrophoretische Kraftwirkung modelliert mit Maxwell 3D für halbleitende zylinderförmige Partikel in einem isolierenden Medium mit geringerer Permittivität zwischen dreieckigen Elektroden; dielektrophoretische Kraftwirkung innerhalb des Mediums veranschaulicht durch Richtungsangabe und Regenbogenskala (rot $\hat{=}$ hohe Intensität, blau $\hat{=}$ geringe Intensität).

Die Ausbildung der Kettenstruktur von anisotropen Partikeln erfolgt typischerweise, wie in Abb. 2.13b schematisch dargestellt, durch eine Aneinanderreihung der Partikel entlang ihrer Hauptachsen. Dieses Verhalten wird durch die ausrichtenden Eigenschaften des wirkenden Drehmomentes (Gleichung (2.64)) verursacht. Zu beachten ist hierbei, dass diese Ausrichtung entlang der elektrischen Feldstärke erfolgt, während sich die Partikel in Richtung höherer Feldstärkegradienten bewegen. Somit bilden sich die Kettenstrukturen nicht zwangsläufig entlang der kürzesten Verbindung zwischen den Elektroden aus.

2.3.2 Partikelausrichtung im Polymerkomposit

Das für die Partikelausrichtung im flüssigen Polymerkomposit benötigte elektrische Feld wird, wie in Abb. 2.14 dargestellt, durch Anlegen einer Spannung U_{Dep} an eine geeignete Elektrodenstruktur erzeugt.

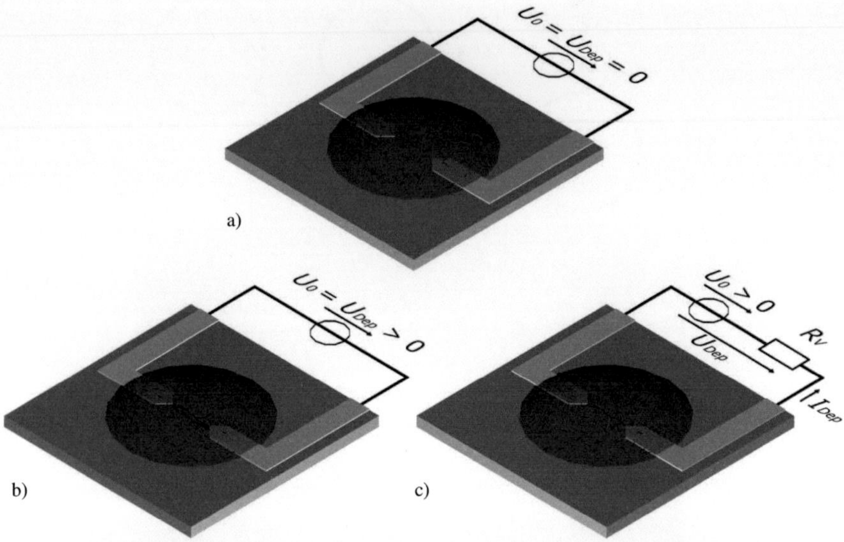

Abb. 2.14 Ausbildung von kettenförmigen Partikelverbindungen (schwarz) zwischen Elektroden (gelb) in einem flüssigen Medium (braun) durch Dielektrophorese; (a) homogene Suspension bei $U_{Dep} = 0$; (b) Ausbildung mehrerer Partikelverbindungen für $U_{Dep} > 0$ ohne Vorwiderstand R_V; (c) Ausbildung genau einer Partikelverbindung für $U_{Dep} > 0$ bei geeignetem Vorwiderstand.

U_{Dep} kann unter anderem durch eine Versorgungsspannung U_0 und einen Vorwiderstand R_V eingestellt werden. Durch Verwendung verschiedener Vorwiderstände lässt sich die Anordnung der Partikelketten beeinflussen. Liegt dessen Größe oberhalb des Reihenwiderstandes einer Partikelkette (und unterhalb des Widerstandes des umgebenden Mediums) erfolgt der Spannungsabfall der Spannungsquelle U_0 zunächst im flüssigen Polymerkomposit und führt dort zur Dielektrophorese. Nachdem sich die erste Partikelverbindung ausgebildet hat, steigt der Stromfluss I_{Dep} sprunghaft an und führt dazu, dass ein Großteil der Versorgungsspannung U_0 über dem Vorwiderstand R_V abfällt. Dadurch verringert sich die dielektrophoretische Kraft und es entstehen keine weiteren Partikelketten. Bei fehlendem oder gegenüber dem Reihenwiderstand der Partikelkette kleinem R_V bleibt die Spannung zwischen den Elektroden U_{Dep} in der Suspension auch nach Ausbildung der ersten Partikelkette konstant. Somit wirken weiterhin anziehende Kräfte auf freie Partikel im Medium, wodurch weitere Partikelverbindungen entstehen können. Ohne die Verwendung eines Vorwiderstandes kann bei elektrisch gut leitfähigen

Partikeln die hierbei entstehende Joule'sche Wärme sehr groß werden und zu einer thermischen Zerstörung der Partikel führen [46].

Die benötigten Feldstärkegradienten an den Elektroden entstehen sowohl durch laterale Spitzen in der Elektrodengeometrie als auch an horizontalen Kanten der Elektroden. Da typische Elektroden in der Mikrosystemtechnik Schichtdicken im Nanometerbereich haben, befinden sich diese Kanten bei seitlichen Elektrodenanordnungen nahezu immer innerhalb des zumeist wesentlich dickeren Polymerkomposites bzw. der Suspension.

Zur Beschreibung der dynamischen Bewegungsprozesse während der dielektrophoretischen Ausrichtung müssen neben den elektrischen auch die mechanischen Eigenschaften der verwendeten Materialien betrachtet werden. Das allgemeine Kraftgleichgewicht, welches in einem nicht reibungsfreien System durch eine beliebige Kraft $\vec{F}$ verursacht wird, der eine Reibungskraft $\vec{F}_R$ entgegenwirkt, ist gegeben durch

$$m\frac{d\vec{v}_P}{dt} = \vec{F} - \vec{F}_R . \tag{2.65}$$

Bei den verhältnismäßig geringen Partikelgeschwindigkeiten $\vec{v}_P$ und Partikeldimensionen im Mikro- oder Nanometerbereich kann die Strömung als laminar angenommen werden. Somit lässt sich die Reibungskraft bei sphärischen Körpern entsprechend dem Gesetz von Stokes

$$\vec{F}_R = 6\pi R\eta\vec{v}_P \tag{2.66}$$

beschreiben [47]. Dabei ist η die (dynamische) Viskosität des umgebenden Mediums. Bei nicht-sphärischen Partikeln lässt sich der Radius R durch einen effektiven Radius angeben, der abhängig von der Geometrie und Ausrichtung des Partikels ist.

Die aus der dielektrophoretischen Kraft resultierende maximale Endgeschwindigkeit der Partikel ergibt sich aus den Gleichungen (2.60), (2.65) und (2.66) zu

$$\vec{v}_{P,Dep} = \frac{R^2\varepsilon_M \operatorname{Re}\left(\underline{K}\right)\nabla E^2}{3\eta} . \tag{2.67}$$

Für große Partikelgeschwindigkeiten infolge der Dielektrophorese ist eine niedrige Viskosität η des umgebenden Mediums während des Ausrichtungsvorganges erforderlich. Sollen die Partikel während der sensorischen Anwendung durch das umgebende Medium fixiert werden, wie es in der vorliegenden Arbeit der Fall ist, muss das Medium im Anschluss an die Partikelanordnung verfestigt werden. Dieses Verhalten lässt sich für polymere Systeme mittels folgender Abläufe realisieren:

- Die Partikel werden bei erhöhter Temperatur in einem geschmolzenen Thermoplast ausgerichtet und anschließend durch die Verfestigung des Polymers beim Abkühlvorgang fixiert.

- Die polymere Komponente ist durch Verwendung eines geeigneten Lösungsmittels verflüssigt, so dass die Gesamtviskosität der Suspension gering ist und die Ausrichtung der Partikel erfolgen kann. Durch Verdampfen des Lösungsmittels kann das Polymerkomposit verfestigt werden. Hierbei muss wiederum ein unvernetztes Polymer und damit ein Thermoplast verwendet werden.
- Die Ausrichtung der Partikel erfolgt in einem flüssigen Prepolymer, welches unter anderem aus Monomeren oder Oligomeren besteht. Dieses kann anschließend durch geeignete Polymerisations- oder Vernetzungsreaktionen gehärtet werden. Bei diesem Verfahren können neben Thermoplasten auch Elastomere und Duroplaste verwendet werden.

Neben der dielektrophoretischen Kraft wirken in einem flüssigen Polymerkomposit weitere Kräfte auf die Partikel und das umgebende Medium, wie Gravitationskräfte oder Kräfte infolge der Brown'schen Molekularbewegung. Übersteigt einer dieser Kraftanteile bzw. die daraus entstehenden Geschwindigkeiten die Komponente der Dielektrophorese, wird die gezielte Ausrichtung der Partikel verhindert.

Die effektiv auf das Partikel wirkende Gravitationskraft $\vec{F}_{G,p}$ hängt von der Differenz der Dichte des Partikels ρ_P und des Mediums ρ_M ab und beträgt

$$\vec{F}_{G,P} = V_P(\rho_P - \rho_M)\vec{g}\,, \tag{2.68}$$

wobei $\vec{g}$ die Fallbeschleunigung ist. Durch Einsetzen in Gleichung (2.65) ergibt sich deren stationäre Endgeschwindigkeit in einer laminaren Strömung zu

$$\vec{v}_{G,Pa} = \frac{2R^2(\rho_P - \rho_M)\vec{g}}{9\eta}\,. \tag{2.69}$$

Statistisch zufällige Verschiebungen Δx, sowohl der Partikel als auch der Moleküle des umgebenden Mediums infolge der Brown'schen Eigenbewegung, basieren auf der thermischen Eigenbewegung und lassen sich für sphärische Körper durch

$$\Delta x = \sqrt{2D_B t} = \sqrt{\frac{k_B T}{3\pi r\eta} t} \tag{2.70}$$

beschreiben [48], mit der zugehörigen Diffusionskonstanten D_B, der Boltzmann-Konstanten k_B und der Zeit t. Δx entspricht der mittleren Verschiebung eines Teilchens in dem betrachteten Zeitintervall.

Gravitationskraft und Brown'sche Eigenbewegung bestimmen ebenfalls maßgeblich die Stabilitätseigenschaften von Suspensionen, auf die keine äußeren Kräfte einwirken. Übersteigen die aus der Brown'sche Eigenbewegung resultierenden konzentrationsabhängigen Diffusionsprozesse die wirkenden Gravitationskräfte, erfolgt keine Partikelsedimentation.

In einem isolierenden Medium lassen sich die zuvor beschriebenen unerwünschten Einflussfaktoren durch eine Vergrößerung der angelegten Spannung U_{Dep} und damit der dielektrophoretischen Kraft beliebig kompensieren. Verfügt das umgebende Medium über eine relevante elektrische Leitfähigkeit, kann dies aufgrund des Joule'schen Wärmeeintrages zu erheblichen Temperaturdifferenzen führen. Die ausgleichenden Strömungsprozesse überlagern die dielektrophoretische Partikelausrichtung und können diese ggf. verhindern.

In elektrisch leitfähigen Medien lässt sich das volumenbezogene Energiegleichgewicht durch

$$\sigma E^2 + \lambda_{th} \nabla T = 0 \tag{2.71}$$

beschreiben [49], wobei σ die elektrische Leitfähigkeit, E der Betrag der elektrischen Feldstärke und λ_{th} die Wärmeleitfähigkeit ist. Dieser Zusammenhang gilt nur für den quasistationären Fall und die Annahme, dass die Wärmekonvektion gegenüber der Wärmediffusion vernachlässigbar klein ist. Letzteres rechtfertigt sich durch die zu erwartenden niedrigen Strömungsgeschwindigkeiten, welche aufgrund der Abmessungen im Mikrometerbereich, infolge starker Grenzschichteffekte, zusätzlich reduziert werden.

Aus Gleichung (2.71) ergibt sich in linearer Näherung der prinzipielle Zusammenhang für die Temperaturänderung:

$$\Delta T \approx \frac{\sigma U^2}{2\lambda_{th}} . \tag{2.72}$$

Diese steigt demzufolge linear mit der elektrischen Leitfähigkeit des Mediums und quadratisch mit der angelegten Spannung. Temperaturgradienten innerhalb des flüssigen Mediums können zu folgenden zwei Arten von Strömungsprozessen führen:

- Durch die Temperaturabhängigkeit der Dichte des Materials ergibt sich in Analogie zu Gleichung (2.68) eine effektive Gravitationskraft

$$\vec{F}_{G,M} = V_M \Delta\rho_M \vec{g} = V_M \frac{\partial \rho_M}{\partial T} \Delta T \vec{g} . \tag{2.73}$$

- Die Temperaturabhängigkeiten der elektrischen Materialkonstanten (elektrische Leitfähigkeit und Permittivität) bewirken die Ausbildung elektrostatischer Kräfte $\vec{F}_E$ innerhalb des flüssigen Mediums. Aus der allgemeinen Kraftgleichung

$$\vec{F}_E = V_M \left(\rho_R \vec{E} - \frac{1}{2} \vec{E}^2 \nabla \varepsilon_M \right) \tag{2.74}$$

ergibt sich für kleine Raumladungsdichten ρ_R der Zusammenhang [50]

$$\vec{F}_E = -\frac{1}{2} V_M \left[\left(\frac{\nabla \sigma_M}{\sigma_M} - \frac{\nabla \varepsilon_M}{\varepsilon_M} \right) \vec{E} \frac{\varepsilon_M \vec{E}}{1 + \left(\omega_{el} \varepsilon_M / \sigma_M \right)^2} + \frac{1}{2} E^2 \nabla \varepsilon_M \right]. \tag{2.75}$$

Der Temperatureinfluss ist dabei durch $\nabla \varepsilon_M = \left(\partial \varepsilon_M / \partial T \right) \nabla T$ und $\nabla \sigma_M = \left(\partial \sigma_M / \partial T \right) \nabla T$ gegeben.

Die resultierenden Strömungsgeschwindigkeiten lassen sich wiederum durch Verwendung der Gleichungen (2.65) und (2.66) ermitteln.

2.4 Leitfähigkeitsmechanismen

In diesem Abschnitt werden die theoretischen Grundlagen der elektrischen Transporteigenschaften von Metallen, Halbleitern und ungeordneten Stoffsystemen, wie sie in Polymerkompositen vorkommen, dargelegt. Die wichtigste zugehörige elektrische Eigenschaft ist die Leitfähigkeit σ, deren Größe von der Anzahl und Art der beteiligten Ladungsträger und deren Beweglichkeit bestimmt wird. Diese Parameter werden wesentlich durch die physikalischen Eigenschaften des Materials selbst, die Art und Verteilung von Ladungszentren und Umgebungsparameter, wie z.B. der Temperatur, bestimmt. Ein Schwerpunkt bei der Beschreibung der elektrischen Leitfähigkeit wird auf deren Temperaturabhängigkeit gelegt, da diese für die in dieser Arbeit untersuchten thermischen Infrarotsensoren von entscheidender Bedeutung ist.

2.4.1 Elektrische Leitung in Metallen und Halbleitern

Die elektrische Leitfähigkeit σ lässt sich allgemein durch die Beziehung

$$\sigma = e \mu n \tag{2.76}$$

beschreiben, wobei e die Elementarladung, n die Ladungsträgerdichte und μ die Ladungsträgerbeweglichkeit ist [51]. Die Art des Leitungsmechanismus wird bei Festkörpern zum Großteil durch die Energiezustände der äußeren Elektronen bestimmt. Diese liegen bei isolierten Atomen als diskrete Energieniveaus vor. In einem kristallinen Körper mit einer geometrisch regelmäßigen Anordnung von Atomen stehen diese aufgrund ihres geringen Abstandes miteinander in Wechselwirkung. Das führt zu einer energetischen Aufweitung der einzelnen Energieniveaus in Folge des Pauli-Prinzips. Die dabei entstehenden Energiebänder gelten für sämtliche Ladungsträger eines Kristalls und entsprechen deren erlaubten Zuständen. Die energetische Lage des Valenzbandes (höchstes vollständig besetztes Elektronenenergieband bei $T = 0$ K) gegenüber der des Leitungsbandes (nächst höheres Energieband, welches bei $T = 0$ K unbesetzt ist) bestimmt, ob es sich bei dem kristallinen Festkörper um ein Metall, einen Halbleiter oder einen Isolator handelt (Abb. 2.15). In dieser Darstellung wird vernachlässigt, dass die Energieniveaus der Bänder eigentlich in Abhängigkeit vom Wellenvektor variieren und damit nicht ortsunabhängig sind. Zur prinzipiellen Beschreibung des Leitungsmechanismus und der daraus resultierenden elektrischen Leitfähigkeiten genügt die energetische Betrachtung der Bandkanten mit dem geringsten Abstand zueinander. Diese sind das Maximum des Valenzbandes und das Minimum des Leitungsbandes.

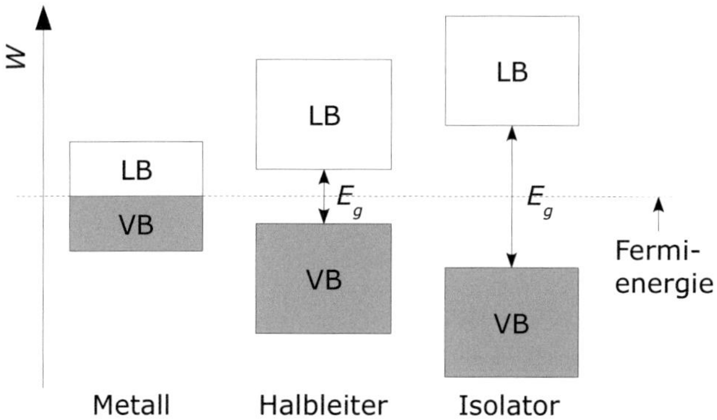

Abb. 2.15 Vereinfachte schematische Darstellung der erlaubten Energieniveaus der äußeren Elektronen bei Metallen, Halbleitern und Isolatoren bei $T = 0$ K; graue Bereiche: besetzte Zustände; weiße Bereiche: unbesetzte Zustände; Fermienergie entspricht dem energetischen Niveau der mittleren Besetzungswahrscheinlichkeit der Ladungsträger; LB Leitungsband, VB Valenzband, W Elektronenenergie, E_g Bandabstand.

Metalle sind dadurch gekennzeichnet, dass ihr Valenzband partiell gefüllt ist beziehungsweise sich die obersten beiden Bänder überlappen. Die durch minimalen Energieaufwand erreichbaren freien Energiezustände im oberen, zunächst ungefüllten Bereich des Energiebandes ermöglichen es, dass sich deren Elektronen im gesamten Metallgitter mit hohen Beweglichkeiten frei bewegen können. Die Anzahl dieser freien Ladungsträger liegt in der Größenordnung der Atomzahl und ändert sich infolge von Temperaturänderungen kaum.

Die Ladungsträgerbeweglichkeiten hängen von der mittleren freien Weglänge $\overline{l_e}$, der effektiven Masse m^* und der Fermigeschwindigkeit v_F der Ladungsträger ab:

$$\mu = \frac{e\overline{l_e}}{m^* v_F}. \tag{2.77}$$

Die Fermigeschwindigkeit resultiert aus der Verwendung einer Fermi-Dirac-Verteilung der möglichen Geschwindigkeitszustände und ist im Gegensatz zur klassischen Beschreibung (Drude-Modell mit Annahme einer Maxwell-Boltzmann-Verteilung), welche in dieser Beziehung sehr ungenaue Ergebnisse liefert, nahezu temperaturunabhängig. Die Temperaturabhängigkeit der Ladungsträgerbeweglichkeit in Metallen resultiert somit größtenteils aus der Änderung der mittleren freien Weglänge. Diese wird bei Temperaturen oberhalb von 100 K hauptsächlich durch Interaktionen mit Phononen bestimmt. Der zugehörige Streuquerschnitt ist direkt proportional zur Temperatur T und indirekt proportional zur mittleren freien Weglänge. Daraus folgt, dass die Ladungsträgerbeweglichkeit μ_M und damit auch die elektrische Leitfähigkeit σ_M in Metallen ab ca. 100 K entsprechend dem Zusammenhang

$$\sigma_M \sim \mu_M \sim 1/T \tag{2.78}$$

indirekt proportional zur Temperatur T ist. Der zugehörige Temperaturkoeffizient $\alpha_{R,M}$ des Widerstandes berechnet sich bei konstanter Probengeometrie ebenfalls über den spezifischen Widerstand ρ bzw. die elektrische Leitfähigkeit σ wie folgt:

$$\alpha_R = \frac{1}{\rho}\frac{d\rho}{dT} = -\frac{1}{\sigma}\frac{d\sigma}{dT}. \tag{2.79}$$

Für Metalle ergibt sich ein positiver konstanter Wert $\alpha_{R,M} = \text{konst.}$

Der Leitungsmechanismus in Halbleitern und Isolatoren ist durch die Bandlücke zwischen Valenzband und Leitungsband charakterisiert. Damit in solchen Materialien ein Leitungsvorgang stattfinden kann, muss den Elektronen des Valenzbandes genügend Energie zur Verfügung stehen, damit sie die Bandlücke überwinden können. Diese benötigte Energie wird zu einem Großteil aus der thermischen Eigenbewegung der Teilchen gewonnen. Bei Isolatoren ist der Bandabstand $E_g > (2\ldots3)$ eV so groß, dass bis zur Schmelztemperatur der Materialien keine nennenswerte elektrische Leitfähigkeit vorhanden ist. Der Bandabstand in Halbleitern ist entsprechend geringer und bewirkt, dass sich ein relevanter Teil der Elektronen als frei bewegliche Ladungsträger im Leitungsband befinden (bei $T > 0$ K). Diese höherenergetischen Elektronen hinterlassen im Valenzband freie Bindungen bzw. Löcher, die ebenfalls zur Gesamtleitfähigkeit σ_{Hl} im Halbleiter

$$\sigma_{Hl} = e\mu_n n + e\mu_p p \tag{2.80}$$

beitragen. Hierbei sind μ_n und μ_p die Beweglichkeiten der Elektronen im Leitungsband bzw. der Löcher im Valenzband und n bzw. p die Elektronen- und die Löcherdichte. In undotierten Halbleitern, die in dieser Arbeit ausschließlich betrachtet werden, ergeben sich die Ladungsträgerdichten aus dem Zusammenhang

$$np = n_i^2 = N_V N_L \exp\left(\frac{-E_g}{k_B T}\right), \tag{2.81}$$

wobei n_i die intrinsische Ladungsträgerdichte und N_V und N_L die effektiven Zustandsdichten des Valenz- und des Leitungsbandes und k_B die Boltzmann-Konstante sind. Diese Beziehung folgt aus der Annahme, dass die Besetzungswahrscheinlichkeiten der

Energiezustände einer Boltzmann-Verteilung genügen. Diese Vereinfachung ist zutreffend, wenn die Differenz zwischen Fermienergie und den energetisch nächsten erlaubten Energieniveaus viel größer als k_BT ($k_BT = 0{,}026$ eV bei $T = 300$ K) ist. Die Fermienergie ist das energetische Niveau der mittleren Besetzungswahrscheinlichkeit der Ladungsträger. Bei intrinsischen Halbleitern befindet sich diese in der Mitte der Bandlücke, so dass die Bedingung für sämtliche Halbleiter ($E_g > 0{,}2$ eV) zutrifft. Das Gleiche trifft ebenfalls bei nicht zu stark dotierten Halbleitern zu, bei denen die Fermienergie genügend weit vom Rand der Bandlücke entfernt ist. Die effektiven Zustandsdichten beschreiben die Anzahl der möglichen Energieniveaus der entsprechenden Bänder und hängen selbst von den effektiven Ladungsträgermassen m_n (Elektronen) und m_p (Löcher) entsprechend den Beziehungen

$$N_V = 2\left(\frac{2\pi m_p k_B T}{h^2}\right)^{3/2} \tag{2.82}$$

und

$$N_L = 2\left(\frac{2\pi m_n k_B T}{h^2}\right)^{3/2} \tag{2.83}$$

ab, wobei h das Plank'sche Wirkungsquantum ist. Die effektiven Ladungsträgermassen werden durch die Krümmung der Bandkanten des Valenz- und des Leitungsbandes bestimmt und sind somit temperaturunabhängige Materialparameter.

Die Ladungsträgerbeweglichkeit in intrinsischen Halbleitern verhält sich ähnlich zu der in Metallen. Ein wichtiger Unterschied ist, dass die Eigengeschwindigkeit der Ladungsträger infolge der energetischen Zustände bei Halbleitern durch eine Boltzmann-Verteilung angenommen werden kann, so dass diese proportional zur Wurzel der Temperatur ist. Somit verhält sich die Ladungsträgerbeweglichkeit infolge von Wechselwirkungen mit Phononen (bei $T > 100$ K) entsprechend

$$\mu_{Hl} \sim T^{-3/2}. \tag{2.84}$$

Für die elektrische Leitfähigkeit von intrinsischen Halbleitern, bei denen die einzelnen Ladungsträgerdichten p und n ungefähr so groß wie die intrinsische Ladungsträgerdichte n_i sind, ergibt sich demzufolge aus den Gleichungen (2.80) bis (2.84) die Temperaturabhängigkeit zu

$$
\begin{aligned}
\sigma_{Hl}(T) &= e\mu_n(T)n(T)+e\mu_p(T)p(T) \\
&\approx e\mu_n(T)n_i(T)+e\mu_p(T)n_i(T) \\
&\approx e\left[\mu_n(T)N_L(T)+\mu_p(T)N_V(T)\right]\exp\left(\frac{-E_g}{2k_BT}\right) \\
&\sim \left(T^{-3/2}T^{3/2}+T^{-3/2}T^{3/2}\right)\exp\left(\frac{-E_g}{2k_BT}\right) \\
&\sim \exp\left(\frac{-E_g}{2k_BT}\right).
\end{aligned}
\tag{2.85}
$$

Dieser exponentielle Zusammenhang zwischen der inversen Temperatur und der elektrischen Leitfähigkeit beschreibt einen typischen thermisch aktivierten Prozess, der in der obigen Form einer speziellen Arrhenius-Gleichung entspricht. Für den zugehörigen Temperaturkoeffizienten $\alpha_{R,Hl}$ des Widerstandes folgt daraus der Zusammenhang

$$
\alpha_{R,Hl}(T) = \frac{-E_g}{2k_BT^2}, \tag{2.86}
$$

der selbst stark temperaturabhängig ist. In dieser in der Literatur häufig verwendeten Gleichung zur Bestimmung des Temperaturkoeffizienten bei Halbleitern wird der Bandabstand als temperaturunabhängiger Materialparameter betrachtet. Diese Annahme ist nur in grober Näherung korrekt, da eine Temperaturerhöhung zur thermischen Ausdehnung des Kristalls führt. Dies bewirkt eine Vergrößerung der Gitterkonstante, wodurch sich bei den meisten Halbleitern die Bandlücke verkleinert. Der Zusammenhang lässt sich durch Verwendung der Temperaturkoeffizienten α_{Eg} und β_{Eg} anhand folgender empirischer Gleichung beschreiben [52]

$$
E_g(T) = E_g(T=0\ \mathrm{K}) - \frac{\alpha_{Eg}T^2}{T+\beta_{Eg}}. \tag{2.87}
$$

In Tabelle 2.3 wird für verschiedene Halbleiter mit geringen Bandabständen der Einfluss des temperaturabhängigen Bandabstandes hinsichtlich des Einflusses auf den Temperaturkoeffizienten α_R des Widerstandes präsentiert. Der Unterschied beträgt bis zu 50 % und hat somit einen relevanten Einfluss.

Tabelle 2.3 Temperaturkoeffizienten des Widerstandes für die Halbleiter Ge, InAs und Te, berechnet mittels Gleichung (2.86) (E_g = konstant) bzw. Gleichung (2.87) ($E_g \neq$ konstant); Werte der α_R für T = 300 K.

Halbleiter	α_{Eg} [10^{-4} eV/K]	β_{Eg} [K]	E_g (T = 300 K) [eV]	α_R ($E_g \neq$ konst.) [%/K]	α_R (E_g = konst.) [%/K]	**Ref.**
InAs	3,16	93	0,354	-2,85	-2,28	[52]
Te	1,7	n.a.	0,335	-2,45	-2,15	[53]
PbS	-4,0	n.a.	0,41	-1,87	-2,64	[54]
PbSe	-4,4	n.a.	0,28	-0,95	-1,81	[54]
PbTe	-4,3	n.a.	0,31	-1,17	-2,00	[54]

2.4.2 Hopping- und Tunnelleitung in ungeordneten Materialsystemen

In nicht kristallinen Körpern wird die elektrische Leitung neben der energetischen Lage der Elektronen maßgeblich durch die Dichte der Ladungszentren und damit den mittleren Abständen untereinander bestimmt. Bei inhomogenen Materialsystemen, wie leitfähigen Polymerkompositen, ist dieser mittlere Ladungsträgerabstand vor allem durch den Füllgrad und die Verteilung der Füllpartikel gegeben. In solchen Systemen entspricht die Verteilung der freien Ladungsträger größtenteils der Anordnung der Partikel, die durch Potenzialbarrieren getrennt sind. Diese entsprechen räumlich der Polymermatrix, in der jedoch selbst einige für den Ladungsvorgang geeignete Energieniveaus existieren, die beispielsweise durch Radikale verursacht werden.

Der mögliche Interaktionsbereich eines Valenzelektrons wird entscheidend von seiner Wellenfunktion beeinflusst, welche selbst von dem zugehörigen Atom und den benachbarten Energiezuständen abhängt. Als charakteristischer Wert hierfür wird die inverse Abklinglänge der Elektronenwellenfunktion k_w verwendet. Die Abklinglänge entspricht der Entfernung vom statistischen Ladungsträgermittelpunkt, bei dem die Amplitude der Elektronenwellenfunktion um den Faktor e abfällt. Typische Werte für $1/k_w$ liegen im Bereich von (1…3) nm [4, 5]. Bei einem sehr kleinen Abstand $d_e < 1/k_w$ zwischen zwei benachbarten Valenzelektronen, die durch eine Potenzialbarriere getrennt sind, überlagern sich die Wellenfunktionen und es entsteht ein signifikanter Tunnelstrom ohne zusätzliche energetische Anregung. Dieser ist nahezu temperaturunabhängig. Bei $d_e > 1/k_w$ muss ein Großteil der Elektronen infolge von Phononeninteraktionen thermisch aktiviert werden, um einen Leitungsprozess, welcher als Hopping-Leitung bezeichnet wird, zu ermöglichen. Die allgemeine Beschreibung der elektrischen Leitfähigkeit σ_H in ungeordneten Materialien mit diskreten bzw. lokalisierten Valenzelektronen ist durch den Zusammenhang

$$\sigma_H(E,T) \sim \frac{T}{E}\exp(-2k_w d_e)\exp\left(\frac{-W_H}{k_B T}\right)\sinh\left(\frac{ed_e E}{k_B T}\right) \tag{2.88}$$

gegeben [55], wobei W_H die Aktivierungsenergie des Hopping-Prozesses ist. Für schwache elektrische Felder $E << kT / ed_e$ vereinfacht sich Gleichung (2.88) zu

$$\sigma_H(T) \sim \exp(-2k_w d_e)\exp\left(\frac{-W_H}{k_B T}\right). \tag{2.89}$$

Für die meisten Stoffsysteme lässt sich dieser Zusammenhang weiter vereinfachen, wenn die Temperatur genügend groß (ca. > 250 K) und der mittlere Abstand zum nächstmöglichen benachbarten Energiezustand genügend klein ist. Unter diesen Bedingungen werden sich die Elektronen nahezu immer zum nächstmöglichen Energiezustand bewegen, da die Temperatur genügend groß ist, um auch große Energieniveaudifferenzen zu überwinden (Abb. 2.16). Dieser Transportprozess wird als Nearest-Neighbour-Hopping (NNH) bezeichnet und wurde erstmals 1960 durch Miller und Abrahams beschrieben [56]. Für NNH lässt sich die temperaturabhängige elektrische Leitfähigkeit σ_{NNH} aus Gleichung (2.89) herleiten. Da unter den beschriebenen Bedingungen der zweite Exponentialterm den ersten dominiert, folgt der Zusammenhang:

$$\sigma_{NNH}(T) \sim \exp\left(\frac{-W_H}{k_B T}\right). \tag{2.90}$$

Somit ergibt sich eine thermisch aktivierte Arrhenius-Gleichung, welche dem Leitungsmechanismus in Halbleitern ähnelt. Für den zugehörigen Temperaturkoeffizienten des Widerstandes folgt in Analogie zu Gleichung (2.86) der Zusammenhang

$$\alpha_{R,H}(T) = \frac{-W_H}{k_B T^2}. \tag{2.91}$$

Zur Beschreibung der Leitfähigkeitsprozesse bei niedrigeren Temperaturen gibt es verschiedene Theorien, deren mathematische Beschreibung ebenfalls auf Gleichung (2.88) basieren. Sie unterscheiden sich dadurch, dass verschiedene Ansätze zur Bestimmung eines effektiven Abstandes zwischen zwei benachbarten Valenzelektronen gewählt oder lokal variierende Aktivierungsenergien angenommen werden [57-59].

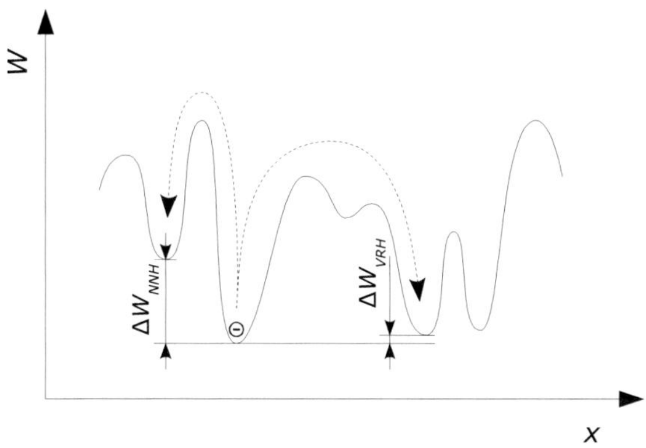

Abb. 2.16 Vereinfachte schematische Darstellung von zwei möglichen Hopping-Prozessen zwischen Ladungszentren mit der Energiedifferenz ΔW: Nearest-Neighbour-Hopping (NNH) und Variable-Range-Hopping (VRH); x Ortskoordinate.

Ein in der Literatur weit verbreitetes Modell ist das Variable-Range-Hopping (VRH). Dieses basiert darauf, dass bei genügend niedrigen Temperaturen (ca. < 250 K) und hinreichend kleinen Abständen zwischen benachbarten Valenzelektronen die Wahrscheinlichkeit für eine Elektronenbewegung, die ausschließlich zwischen benachbarten möglichen Ladungszentren stattfindet, signifikant sinkt. Bei diesen Bedingungen ist es für ein Elektron energetisch günstiger, einen größeren Abstand zu überwinden, wenn die dabei zu überquerende Potenzialbarriere geringer ist (Abb. 2.16). Die daraus resultierende Abhängigkeit der elektrischen Leitfähigkeit σ_{VRH} von der Temperatur T entspricht dem Zusammenhang

$$\sigma_{VRH}(T) \sim \exp\left[-\left(\frac{T_0}{T}\right)^{y}\right], \tag{2.92}$$

wobei T_0 eine systemspezifische Konstante ist, die einer Aktivierungsenergie entspricht. Typische Werte für den Exponenten γ sind 1/4 und 1/2 [58]. Diese Werte lassen sich sowohl durch die Anzahl der möglichen Hopping-Richtungen (dreidimensional: $\gamma = 1/4$, eindimensional: $\gamma = 1/2$) als auch durch eine variierende Verteilung der energetischen Zustandsdichte der einzelnen Ladungszentren erklären.

3 Stand der Technik

Kommerziell verfügbare Mikrobolometer-Arrays nutzen ausschließlich anorganische Materialien und haben einen mehrschichtigen Aufbau (Abb. 3.1).

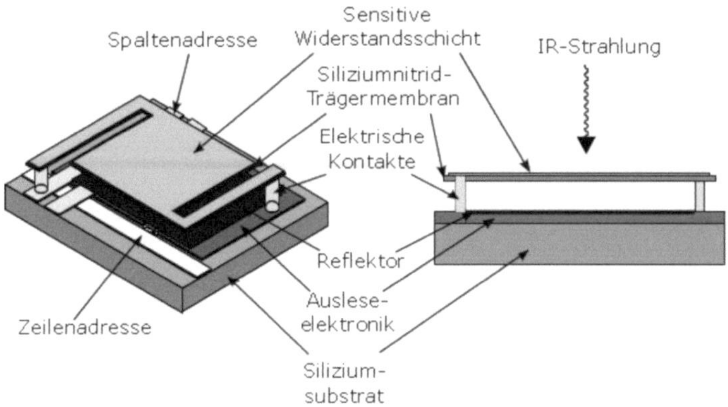

Abb. 3.1 Schematischer Aufbau eines Bolometer-Pixels mit typischer Ausführung als freitragende Struktur zur Verringerung des thermischen Leitwertes zum Substrat (nach [3]).

Durch den mehrschichtigen Aufbau lassen sich Arrays mit einem sehr großen Füllfaktor herstellen. Der Füllfaktor eines Sensors entspricht dem Verhältnis zwischen sensitiver und absoluter Fläche. Außerdem kann die Signalverarbeitung eines jeden Pixels durch eine angepasste Eingangsstufe der Auswerteelektronik direkt im darunter liegenden Siliziumsubstrat erfolgen.

Die sensitiven Schichten kommerzieller Mikrobolometer-Arrays bestehen aktuell ausschließlich aus dem polykristallinen Halbleiter Vanadiumoxid (VO_x) oder aus dem halbleitenden amorphen Silizium (a-Si) [3]. Diese werden zusammen mit ausgewählten sensitiven Bolometermaterialien hinsichtlich ihres Temperaturkoeffizienten des Widerstandes, der Herstellungstechnologie und weiterer relevanter Parameter in Tabelle 3.1 verglichen. Yttrium-Barium-Kupfer-Oxid (YBCO) wird trotz seines großen Temperaturkoeffizienten in ungekühlten Mikrobolometern nicht kommerziell genutzt, da die Erzeugung reproduzierbarer Schichten technologisch zu aufwendig ist. Metallische Mikrobolometer sind äußerst rauscharm, da ihr $1/f$ Rauschanteil aufgrund der großen Ladungsträgerdichte sehr gering ist (Gleichung (2.28)). Trotzdem sind die Sensorparameter gegenüber Mikrobolometern auf der Basis von VO_x und a-Si schlechter, da die Einflüsse des geringen Bolometerwiderstandes und des kleineren Temperaturkoeffizienten dominieren. Diese Parameter lassen sich bei VO_x und a-Si neben der Schichtgeometrie auch durch die Zusammensetzung des Materials beeinflussen. Bei VO_x erfolgt dies durch die technologisch beeinflussbare Verteilung der wichtigsten metallischen Phase V_2O_3 und der halbleitenden Phasen VO_2 ($E_g = 0{,}65$ eV [60]) und V_2O_5 ($E_g = 2$ eV [61]). Bei a-Si lassen sich die elektrischen Parameter ebenfalls durch die Herstellungsbedingungen beeinflussen, indem z.B. die Temperatur oder der Wasserstoffanteil zur Absättigung offener Bindungen variiert werden. Der gewünschte Bolometerwiderstand in praktischen Systemen wird nicht beliebig hoch dimensioniert, um den Aufwand zu dessen messtechnischer Erfassung in einem praktikablen Bereich zu belassen. Typische Widerstandswerte von halbleitenden Bolometern liegen im Bereich von $R_B = (20\ldots1000)$ kΩ [62].

Tabelle 3.1 Vergleich typischer sensitiver Materialien von Mikrobolometern [2, 62].

Material	α_R [%/K]	Herstellung mittels	Charakteristika
Vanadiumoxid (VO_x)	-(2,0…3,0)	Verdampfen, Sputtern, CVD mit anschließender Temperung (T > 300°C)	• Rauscharm • Materialauswahl anderer Komponenten des Mikrobolometers durch benötigte Temperung des VO_x eingeschränkt
Amorphes Silizium (a-Si)	-(2,5…3,0)	PECVD (T < 200°C)	• Einfach herstellbar • Hoher Rauschpegel
Yttrium-Barium-Kupfer-Oxid (YBCO)	-(2,8…4,0)	Sputtern (RT)	• Sehr großer α_R • Einstellung der Stöchiometrie problematisch
Titan	0,35	Verdampfen	• Äußerst rauscharm • Niedriger α_R und R_B

CVD chemische Gasphasenabscheidung, PECVD plasmaunterstützte chemische Gasphasenabscheidung, RT Raumtemperatur

Zur Reduzierung des thermischen Leitwertes und der Wärmekapazität werden einzelne Mikrobolometer-Pixel als freitragende Strukturen aufgebaut. Wie in Abb. 3.1 dargestellt, kann zur mechanischen Stabilisierung eine zusätzliche Trägermembran verwendet werden, welche üblicherweise aus Siliziumnitrid besteht. Solche Strukturen werden meist mittels einer Opferschichttechnologie hergestellt. Hierfür wird ein fotostrukturierbares und temperaturstabiles Polyimid als Opferschichtmaterial verwendet, welches am Ende der Prozessfolge in einem Sauerstoffplasma entfernt wird.

Bei einer solchen Ausführung wird der Großteil der thermischen Verluste durch Wärmeleitung vom sensitiven Bereich zum umliegenden Substrat verursacht. Diese kann nur durch die seitlichen Trägerstrukturen erfolgen, deren geometrische Abmessungen so ausgelegt sind, dass ein möglichst geringer Wärmetransport stattfindet. Da Mikrobolometer zumeist in einer evakuierten Umgebung betrieben werden, erfolgt nahezu keine Wärmekonvektion durch das umgebende Medium. Der Anteil der Wärmeabstrahlung kann bei Raumtemperatur gegenüber der Wärmeleitung vernachlässigt werden [3]. Die effektive Wärmekapazität wird durch die geometrischen und materialspezifischen Eigenschaften des Schichtstapels des freitragenden sensitiven Bereichs bestimmt.

Pixelflächen liegen heutzutage bei $(17\ldots50)^2\,\mu m^2$ und befinden sich damit im Bereich der zu detektierenden Wellenlänge von ca. 10 µm. Somit ist bei der Verkleinerung der

Pixelabmessungen kaum weiteres Verbesserungspotenzial gegeben. Die Dicke der sensitiven Schicht liegt zwischen einigen hundert Nanometern und zwei Mikrometern und wird hauptsächlich durch die mechanische Stabilität der Pixel eingeschränkt [62].

Aufgrund ihrer geringen Dicke wird in der sensitiven Schicht nur ein geringer Teil der einfallenden infraroten Strahlung absorbiert. Das Absorptionsverhalten der Mikrobolometer-Pixel lässt sich durch zwei technologische Maßnahmen verbessern:

- Auf den sensitiven Bereich wird eine ultradünne metallische Absorberschicht abgeschieden, die zum Beispiel aus wenigen Nanometern der Keramik Titannitrid besteht [62].
- Der Abstand zwischen Substrat und sensitiver Fläche wird auf ein Viertel der zu detektierenden Wellenlänge dimensioniert. Wenn das Substrat die einfallende IR-Strahlung genügend gut reflektiert (ggf. durch eine zusätzliche Reflektorschicht), entsteht in dem Zwischenbereich ein optischer Resonator. Dieser bewirkt, dass ein Großteil der Strahlung im sensitiven Bereich absorbiert wird. Mikrobolometer detektieren typischerweise infrarote Strahlung mit Wellenlängen im Bereich von (8…14) µm, so dass zumeist ein Abstand zwischen Substrat und sensitiver Fläche von (2,5…3) µm gewählt wird.

Damit lassen sich in diesem Wellenlängenbereich Werte des Absorptionskoeffizienten $\alpha > 0{,}9$ erzielen [2].

Neben den herkömmlichen Mikrobolometern auf der Basis anorganischer Materialien gibt es seit einigen Jahren das Bestreben, polymere Materialien zu verwenden und damit die in Kapitel 1 aufgeführten Vorteile auszunutzen. Beispiele dafür sind:

- Kaufmann et al. beschreiben ein mögliches Verfahren, indem sie elektrisch isolierende Polymerschichten durch Ionenimplantation modifizieren [63-65]. Dies bewirkt eine signifikante Vergrößerung der elektrischen Leitfähigkeit, die durch zwei Effekte hervorgerufen werden: Zum einen bewirken die zumeist metallischen Ionen eine Dotierung des Polymers und erzeugen freie Ladungsträger, die bei genügender Konzentration einen Stromtransport bewirken. Zum anderen verursacht der Wärmeeintrag der hochenergetischen Ionen eine lokale Umwandlung des Polymers in elektrisch leitfähige Bereiche aus amorphem Kohlenstoff oder Graphit. In Abhängigkeit von der Ionendosis, der Ionenenergie und der Ionenstromdichte lassen sich Schichtwiderstände von $(10^2 \ldots 10^7)\ \Omega$ realisieren. In [63] ist eine solche Schicht beschrieben, die bei einem Widerstand von 14,6 MΩ einen Temperaturkoeffizienten α_R des Widerstandes von -1,6 %/K hat. Für kleinere Schichtwiderstände folgen geringere Werte des Temperaturkoeffizienten α_R des Widerstandes. Angaben zum Rauschverhalten und damit zur Detektivität werden in den Veröffentlichungen nicht gemacht. Der technologische Prozess zur Erzeugung freitragender Pixelstrukturen ist in Abb. 3.2 dargestellt.

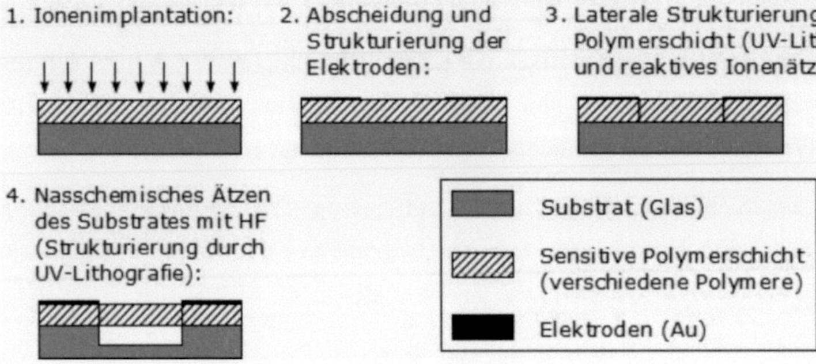

Abb. 3.2 Prozessschritte zur Herstellung von Bolometerstrukturen mit einem ionenstrahl-modifizierten Polymer als sensitive Schicht (nach [64]).

- Liger et al. beschreiben in [66, 67] einen Ansatz, bei dem die sensitive Schicht durch Pyrolyse des Polymers Parylen C gebildet wird. Die Pyrolyse der bereits abgeschiedenen Parylenschicht erfolgt zweistufig bei Temperaturen von 660°C und 800°C und bewirkt, dass sich ein Teil der im Parylen C enthaltenen Benzolringe zu graphitähnlichen Bereichen ausbilden. Der Widerstand des Pixels wird durch den Grad der Graphitisierung und damit durch die Höhe der Temperatur bei der Pyrolyse bestimmt. Die freitragenden Pixel werden durch eine in Abb. 3.3 gezeigte Prozessfolge realisiert. Die beschriebenen Sensorparameter werden in Tabelle 3.2 wiedergegeben. Die maximale Prozesstemperatur von 800°C verhindert sowohl die Verwendung flexibler polymerer Substrate als auch die Integration einer monolithischen Vorverstärkerstufe bei Verwendung von Silizium als Substrat.

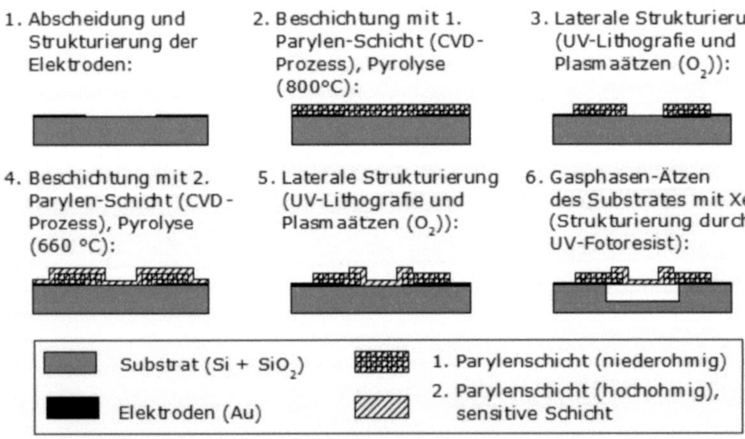

Abb. 3.3 Prozessschritte zur Herstellung von Bolometerstrukturen mit pyrolisiertem Parylen-C als sensitive Schicht (nach [66]).

- Mahmood et al. beschreiben in [68] die Nutzung von anorganischen Pixelstrukturen (YBCO) auf einer flexiblen Trägerfolie aus Polyimid. Bedingt durch die thermische und mechanische Stabilität der verwendeten Polyimidfolien lassen sich konventionelle Herstellungstechnologien verwenden (Abb. 3.4), während gleichzeitig die Vorteile von flexiblen Mikrobolometerschichten genutzt werden können.

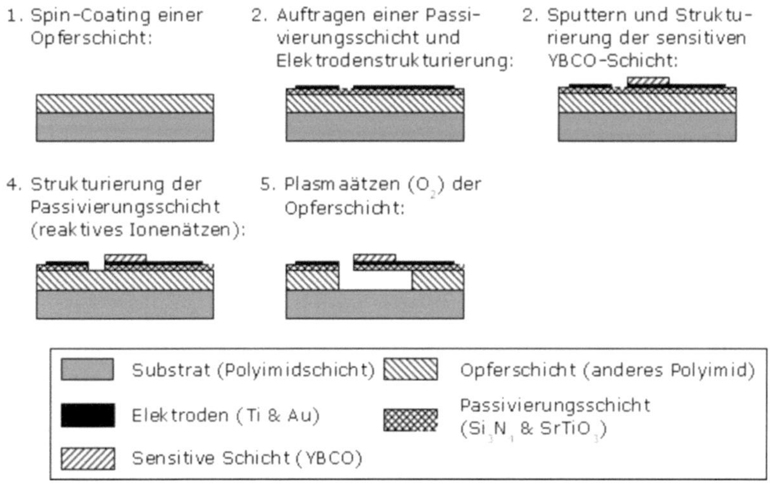

Abb. 3.4 Prozessschritte zur Herstellung von Bolometerstrukturen auf einer flexiblen Polyimidschicht mit YBCO als sensitive Schicht (nach [68]); teilweise vereinfacht dargestellt; Technik der lateralen Strukturerzeugungen in Quelle nicht angegeben.

In Tabelle 3.2 werden die wichtigsten Sensorparameter von verschiedenen anorganischen und organischen Mikrobolometern zusammengefasst.

Tabelle 3.2 Vergleich der Sensorparameter eines organischen Bolometers (Parylen C) mit konventionellen anorganischen Bolometern.

Parameter	**VO_x [3]**	**a-Si [3]**	**Titan [69]**	**Parylen C [66, 67]**
Absorptionskoeffizient α	n.a.	n.a.	n.a.	0,6
Bolometerwiderstand R_B [Ω]	$5*10^4$	$5*10^4$	$3*10^3$	$3,9*10^6$
Temperaturkoeffizient des Widerstandes α_R [%/K]	- 2,7	- 3,0	0,37	- 1,63
Arbeitsstrom I_B [A]	$1*10^{-5}$	$1*10^{-5}$	-	$1,3*10^{-6}$
Thermischer Leitwert G_{th} [W/K]	$2,05*10^{-7}$	$1,02*10^{-7}$	$5*10^{-7}$	$9,6*10^{-8}$
Thermische Zeitkonstante τ_{th} [s]	$3,5*10^{-3}$	$1,1*10^{-3}$	$1*10^{-2}$	$1,25*10^{-2}$
Empfindlichkeit $\dot{R}_V$ [V/W]	$3,28*10^5$	$7,32*10^5$	$2,5*10^3$	$5,12*10^5$
NETD [mK]	30	96	500	110

4 Anforderungen und Materialauswahl

4.1 Geometrische und elektrische Zielparameter

Die anzustrebenden Charakteristika der sensitiven Schicht resultieren aus den theoretischen Grundlagen nach Abschnitt 2.1. Die relevanten Parameter sind die Empfindlichkeiten, welche mit den Gleichungen (2.12) und (2.15) beschrieben werden, und die spezifische Detektivität nach Gleichung (2.18). Es ergeben sich folgende elektrische und konstruktive Ziele:

- großer Temperaturkoeffizient α_R des Widerstandes,
- genügend großer Bolometerwiderstand R_B, damit die Eigenerwärmung ΔT_P des Pixels gemäß Gleichung (2.14) nicht zu groß wird,
- mechanisch stabile, freitragende Pixelstrukturen mit
  - strukturierbaren Pixelbreiten von (25…50) µm,
  - einem Abstand von (2,5…3) µm zum Substrat (λ/4 Resonanz),
  - einer möglichst geringen Schichtdicke von höchstens 2 µm und langen Kontaktarmen zwischen der sensitiven Fläche und den umgebenden Bereichen mit einem geringen Querschnitt (geringe Wärmekapazität und thermischer Leitwert),
- geringes Rauschverhalten,
- Langzeitstabilität sämtlicher Parameter.

Der Einfluss des thermischen Leitwertes G_{th} auf die Sensorkennwerte ist entsprechend Abschnitt 2.1 von großer Bedeutung, da ein geringer G_{th}-Wert einerseits die Empfindlichkeit vergrößert, andererseits das dynamische Verhalten des Sensors verschlechtert. Bei der Dimensionierung für praktische Anwendungen wird zumeist ein möglichst geringer thermischer Leitwert angestrebt, da aufgrund der ebenfalls sehr kleinen Wärmekapazitäten die resultierenden Grenzfrequenzen oberhalb der benötigten Bildwiederholfrequenzen von typischen Infrarotkameras (25 Hz bzw. 50 Hz) liegen.

Die gewünschte Dimensionierung des Bolometerwiderstandes R_B im thermisch stabilen Zustand hängt von der Art des dominierenden Rauschmechanismus ab. Überwiegt das thermische Rauschen ist ein möglichst großer Bolometerwiderstand anzustreben, da dann nach den Gleichungen (2.12), (2.25) und (2.18) für die spezifische Detektivität gilt:

$$D^* \sim \sqrt{R_B}\ . \tag{4.1}$$

Wird das Gesamtrauschen vom 1/*f*-Rauschprozess bestimmt, folgt der inverse Zusammenhang

$$D^* \sim \frac{1}{\sqrt{R_B}}, \tag{4.2}$$

da die spektrale Rauschspannung $\tilde{u}_{Rn,1/f}$ des 1/*f*-Rauschens gemäß Gleichung (2.30) direkt proportional zur Bolometerspannung $U_B = R_B * I_B$ ist. Außerdem gilt unter diesen Bedingungen, dass die spezifische Detektivität D^* bei einem konstanten Bolometerwiderstand R_B unabhängig von der Bolometerspannung U_B ist.

4.2 Konstruktiver Grundaufbau

Die Erzeugung der notwendigen freitragenden Strukturen soll durch Verwendung einer Opferschichttechnik realisiert werden (Abb. 4.1). Somit lässt sich der Abstand zum darunter liegenden Substrat durch die Dicke der Opferschicht exakt einstellen. Bei alternativen Techniken, in denen im Anschluss an die Strukturierung der sensitiven Schicht das Substrat isotrop trocken- oder nasschemisch geätzt wird (siehe Abb. 3.2 und Abb. 3.3), ist die Einstellung des genauen Abstandes schwierig. Darüber hinaus müsste bei einer solchen alternativen Technik gewährleistet sein, dass neben dem Polymer auch die Füllpartikel gegenüber dem ätzenden Medium resistent sind, wodurch die Anzahl der möglichen Materialkombinationen erheblich eingeschränkt wird.

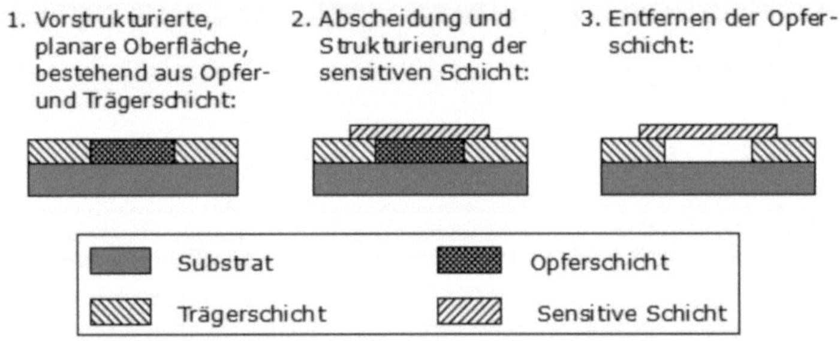

Abb. 4.1 Prozessfolge der in dieser Arbeit verwendeten Opferschichttechnik zur Herstellung freitragender sensitiver Bolometer-Pixel.

Ein weiteres konstruktives Merkmal dieses Sensoraufbaus ist die Verwendung einer Trägerschicht. Diese erzeugt eine permanente zweite Bearbeitungsebene oberhalb des Substrates, wie sie ebenfalls von Mahmood et al. eingesetzt wird (siehe Abb. 3.4). Die Trägerschicht entspricht dort den nicht entfernten Bereichen der Opferschicht. Der Einsatz einer Trägerschicht eignet sich für den hier vorgestellten, auf Polymeren basierenden Herstellungsprozess aus folgenden Gründen:

- Die eigentliche Opferschicht kann mittels einer speziellen, in Abschnitt 6.2 näher beschriebenen Stempeltechnik, dem Micromolding in Capillaries (MIMIC), durch eine direkte Strukturübertragung aus der Trägerschicht erzeugt werden.
- Die anschließend aufzutragende sensitive Schicht wird auf einem ebenen Untergrund erzeugt. Dies ermöglicht eine homogene Schichtdickenverteilung während des zugehörigen Spin-Coating-Prozesses, was auf einem strukturierten Untergrund schwer möglich wäre.
- Die Trägerschicht selbst kann als Isolatorschicht dienen, um die zwei verschiedenen Elektrodenebenen, die für das Auslesen eines Arrays mit großer Pixelanzahl benötigt werden, elektrisch und damit räumlich voneinander zu trennen.

Durch die Verwendung einer Trägerschicht kann es zu einer Verschlechterung des Füllfaktors kommen. Dieser Einfluss, der vor allem bei Sensor-Arrays mit einer großen Pixelanzahl relevant wird, kann durch die Erzeugung von dünnen Trägerbereichen minimiert werden.

Es ergibt sich ein konstruktiver Grundaufbau gemäß Abb. 4.2. Die hier aufgeführten Abmessungen der sensitiven Schicht und der Kontaktarme resultieren aus entsprechenden Vorversuchen. Diese ergaben, dass längere Kontaktarme mit einem geringeren Querschnitt und dünneren sensitiven Schichten aufgrund der mechanischen Eigenschaften der verwendeten Polymerkomposite zu einer signifikant höheren Ausfallrate führen.

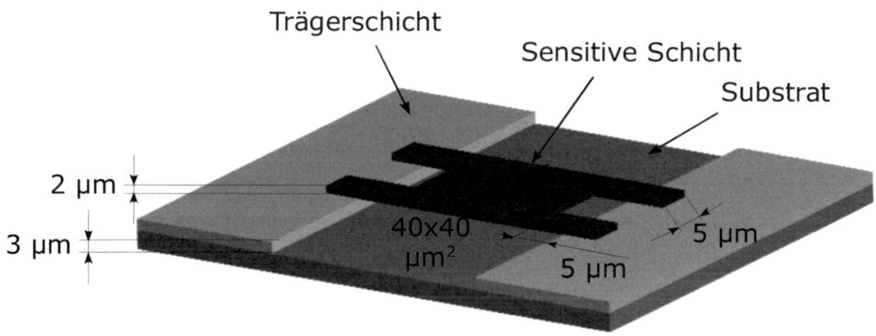

Abb. 4.2 Geometrische Zielparameter für das zu realisierende Mikrobolometer-Pixel.

Das Mikrobolometer-Array kann auf verschiedenen elektrisch isolierenden Substratmaterialen hergestellt werden. Geeignet hierfür sind neben den typischen anorganischen Siliziumwafern (ggf. mit einer zusätzlichen Passivierungsschicht) oder Glassubstraten auch verschiedene Polymerfolien. Letztere müssen sowohl hochgradig vernetzt sein, um in den verwendeten Lösungsmitteln nicht zu quellen, als auch beständig gegenüber der maximalen Temperaturbelastung von 200°C sein. Ein besonders geeigneter Kandidat hierfür sind flexible Kaptonfolien, welche in verschiedenen mikrosystemtechnischen Anwendungen eingesetzt werden und sich durch eine äußerst hohe Stabilität gegenüber mechanischen und chemischen Beanspruchungen sowie hohen Temperaturen (bis 400°C) auszeichnen [70].

Die in dieser Arbeit präsentierten Beispielstrukturen wurden sowohl auf Glassubstraten als auch auf Kaptonfolien gefertigt. Durch eine mechanische Fixierung der flexiblen Kaptonfolien auf einem starren Trägermaterial können bei beiden Substratmaterialien die gleichen Herstellungsprozesse und -parameter angewendet werden.

4.3 Materialauswahl

Bei der Auswahl der zu verwendenden Materialien müssen sowohl die zuvor aufgestellten technologischen als auch die elektrischen Anforderungen berücksichtigt werden. Für die zu untersuchenden sensitiven Polymerkomposite ergeben sich somit separate Bedingungen an die Polymermatrix und die Füllstoffe. Darüber hinaus müssen beide Komponenten chemisch kompatibel sein. Dies bedeutet, dass sie gut miteinander mischbar sein und zumindest für den Verarbeitungszeitraum stabil bleiben müssen.

4.3.1 Polymere

Die gewünschte Anforderung, die einzelnen Sensorstrukturen mit möglichst einfachen und wenigen Prozessschritten zu realisieren, lässt sich am besten durch die Verwendung von Fotoresisten erfüllen. Die Strukturübertragung erfolgt mittels UV-Belichtung durch eine Fotomaske. Der zugehörige Prozessschritt ist reproduzierbar und großflächig anwendbar. Darüber hinaus lassen sich viele Fotoresiste vernetzen, so dass sie sowohl chemisch stabil gegenüber Lösungsmitteln sind als auch eine höhere mechanische Stabilität aufweisen. Dieses Verhalten resultiert zumeist aus der reaktiven fotosensitiven Komponente des Fotoresistes. Die Vernetzungsreaktion erfolgt entweder direkt bei der UV-Belichtung oder im Anschluss durch einen Wärmeeintrag.

a. Fotoresist AZ 1514

Ein Fotoresist, der die genannten Eigenschaften besitzt, ist der Positiv-Fotoresist AZ 1514 der Firma Clariant. Dieser soll als Polymermatrix der sensitiven Schicht des Mikrobolometer-Pixels verwendet werden. Die schichtbildenden Komponenten des Resistes sind zu 27,8 Vol.% in Propylenglykolmethylacetat (PGMEA) gelöst. Sie setzen sich vor allem aus dem Polymer Novolak und der fotoaktiven Komponente Benzophenon-2,3,4-tri-(1,2-Naphthoquinondiazid-5-sulfonat) zusammen. Letztere gehört zur

Gruppe der Diazonaphtoquinone (DNQ), welche in vielen Fotoresisten als fotosensitive Komponente genutzt wird [71]. Der chemische Aufbau der Bestandteile und die fotochemische Reaktion, welche bei Wellenlängen $\lambda < 440$ nm stattfindet, sind in Abb. 4.3 dargestellt.

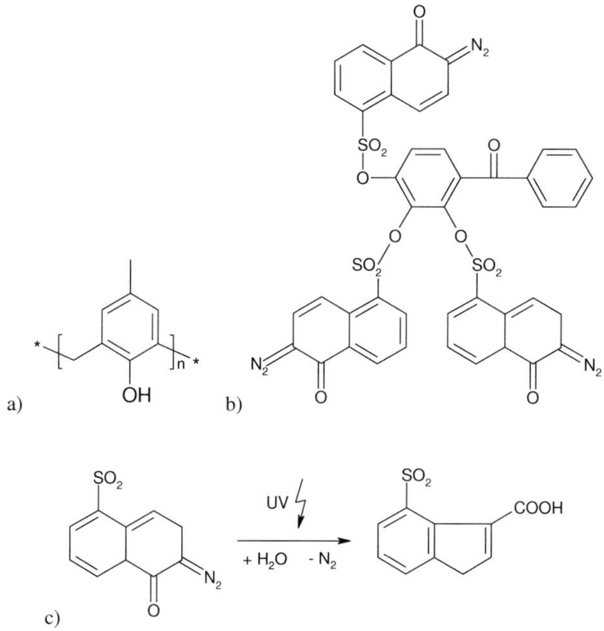

Abb. 4.3 Chemische Struktur der Hauptbestandteile des Fotoresistes AZ 1514: (a) Novolak als polymeres Grundgerüst und (b) Benzophenon-2,3,4-tri-(1,2-Naphthoquinondiazid-5-sulfonat) als Fotoinitiator; (c) chemische Reaktion der fotoaktiven Komponente Diazonaphtoquinone (DNQ) des Fotoinitiators bei Belichtung mit UV-Strahlung (Reaktion erfolgt über mehrere Zwischenstufen) [71].

Während dieser Reaktion wandeln sich die hydrophoben DNQ-Bestandteile des Fotoinitiators unter Stickstoffabspaltung und Wasseraufnahme in eine hydrophile Karbonsäure um. Diese Polaritätsunterschiede werden bei der Entwicklung des Resists in einer wässrig-alkalischen Natriumhydroxidlösung zum selektiven Herauslösen der belichteten Bestandteile genutzt.

Der Fotoresist AZ 1514 kann im Anschluss an seine lithografische Strukturierung thermisch vernetzt werden. Mögliche Vernetzungsreaktionen resultieren aus der Kondensationspolymerisation der Hydroxygruppen der Novolakketten selbst oder infolge von Azokupplungen des unbelichteten Fotoinitiators mit den Methylenbrücken des Novolakes [72]. Mittels einer dynamischen Differenzkalorimetriemessung (DSC) wurde der Temperaturbereich der Vernetzungsreaktion bestimmt (Abb. 4.4). Dieser liegt bei (120…160)°C.

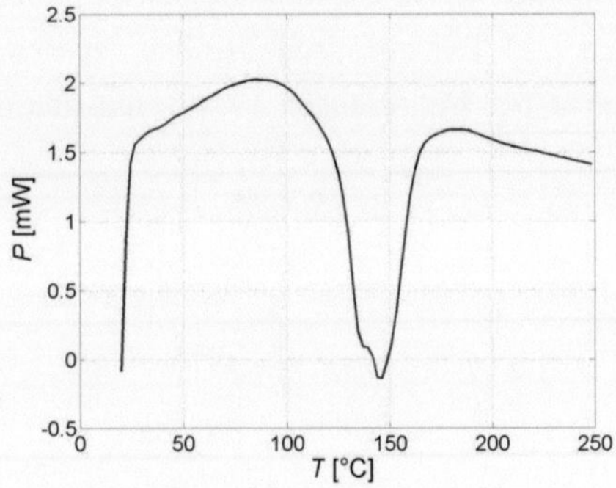

Abb. 4.4 Abgegebene Wärmemenge pro Zeiteinheit (Leistung *P*) einer getrockneten Schicht des Fotoresistes AZ1514 bei konstanter Erwärmung um 5 K/min.

Die thermische Beständigkeit des Fotoresistes AZ 1514 wurde anhand einer thermogravimetrischen Analyse (TGA) bestimmt (Abb. 4.5). Die thermische Vernetzungsreaktion des Fotoresistes AZ1514 bei (120…160)°C führt zu einem Gewichtsverlust von ca. 20% infolge der zugehörigen chemischen Reaktionen (z.B: Stickstoff- und Wasserabspaltung [72]). Darüber hinaus treten bei beiden Polymeren keine weiteren sprunghaften Gewichtsänderungen auf, so dass diese im betrachteten Temperaturbereich bis 400°C als weitestgehend thermisch stabil angenommen werden können.

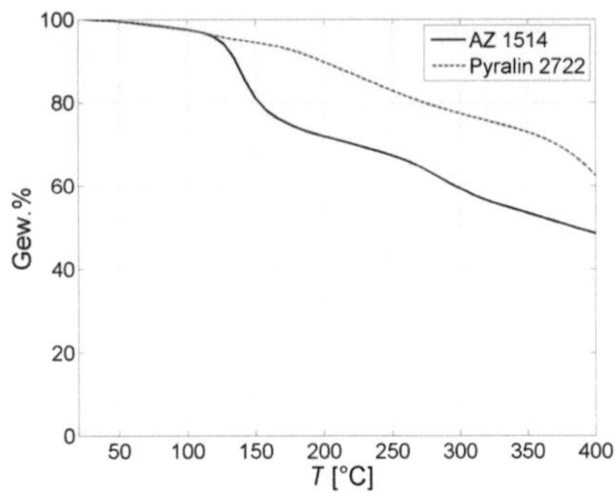

Abb. 4.5 Gewichtsabnahme der Fotoresiste AZ1514 und Pyralin 2722 bei konstanter Erwärmung um 10 K/min unter Stickstoffatmosphäre.

Eine weitere wichtige Eigenschaft des thermisch vernetzten Fotoresistes ist sein vergleichsweise geringer thermischer Längenausdehnungskoeffizient von ca. $5 \cdot 10^{-5}\,K^{-1}$ [73]. Entsprechende Werte für unvernetzte Polymere liegen im Bereich von $(10 \ldots 30) \cdot 10^{-5}\,K^{-1}$. Ein kleiner thermischer Längenausdehnungskoeffizient ist anzustreben, da thermisch bedingte Bewegungen der einzelnen Polymerketten zu Änderungen des perkolativen Netzwerkes führen können. Die daraus resultierenden Änderungen der elektrischen Eigenschaften überlagern sich mit der gewünschten Temperaturabhängigkeit des Widerstandes infolge der intrinsischen elektrischen Eigenschaften der Füllpartikel. Erstere sollen möglichst vermieden werden, da diese Änderungen durch eine schlechte Reproduzierbarkeit und langsame Bewegungsabläufe gekennzeichnet sind [74].

b. Fotoresist Pyralin 2722

Pyralin 2722 der Firma HD MicroSystems ist ein Negativ-Fotoresist, welcher als polymere Hauptkomponente Polyimid (PI) enthält. Polyimide sind durch das Auftreten der Imid-Gruppe als Bestandteil der polymeren Hauptkette gekennzeichnet (Abb. 4.6).

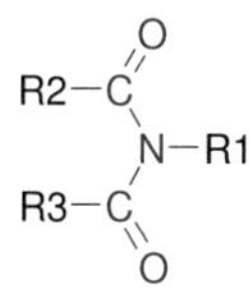

Abb. 4.6 Chemische Struktur der Imid-Gruppe (blau).

Sie sind äußerst stabil gegenüber den meisten Lösungsmitteln und hohen Temperaturbelastungen [75] und eignen sich demzufolge als permanentes strukturbildendes Polymer der Trägerschicht, welche im ersten Prozessschritt erzeugt wird. Aufgrund der schlechten Löslichkeit von Polyimiden wird im Fotoresist Pyralin 2722 zunächst ein löslicher Präkursor verwendet, welcher durch UV-Bestrahlung vernetzt wird [76]. Die vernetzten Bereiche sind chemisch stabil gegenüber dem Entwickler und werden anschließend durch eine Erwärmung auf Temperaturen von mindestens 200°C in das eigentliche Polyimid umgewandelt.

Die Beschreibung der relevanten Eigenschaften der weiteren in dieser Arbeit verwendeten Polymere erfolgt im Kapitel 6, da die jeweiligen Eigenschaften direkt vom zugehörigen Prozessschritt abhängen.

4.3.2 Füllstoffe

Wesentliche Kriterien für die Materialauswahl des Füllstoffes sind die elektrischen Parameter spezifischer Widerstand, elektrischer Widerstand und dessen Temperaturkoeffizient. In Abb. 4.7 werden diese für verschiedene Polymerkomposite gezeigt. Aus Abb. 4.7 ist ein prinzipieller exponentieller Zusammenhang sowohl zwischen dem spezifischen Widerstand ρ als auch dem Widerstand R und dem Temperaturkoeffizienten α_R des Widerstandes zu erkennen. Dieser folgt direkt aus der Theorie der Leitfähigkeitsmechanismen der Hopping-Leitung durch Kombination der Gleichungen (2.90) und (2.91):

$$R \sim \rho = \frac{1}{\sigma} \sim \exp\left(\frac{W_H}{k_B T}\right) = \exp\left(-\alpha_{R,H} T\right). \tag{4.3}$$

Gültigkeit hat dieser Zusammenhang für kleine elektrische Feldstärken und unter der Annahme, dass zumindest innerhalb einer Materialklasse die gleichen Proportionalitätskonstanten gegeben sind. Für die Komposite in Abb. 4.7b ergibt sich darüber hinaus ein exponentieller Zusammenhang zwischen dem Widerstand und dessen Temperaturkoeffizienten, der größtenteils unabhängig von der Art des Füllstoffes ist.

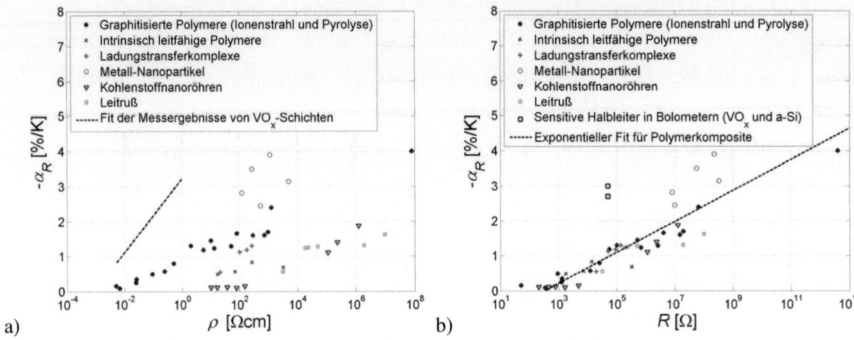

Abb. 4.7 Elektrische Eigenschaften von Polymerkompositen im Vergleich zu typischen thermoresistiven Halbleitern in Mikrobolometern: Temperaturkoeffizient des Widerstandes α_R in Abhängigkeit vom (a) spezifischen Widerstand ρ und (b) vom Widerstand R; Werte der Polymerkomposite gruppiert nach Materialklassen bzw. Füllstoffen: Graphitisierte Bereiche im Polymer durch Pyrolyse oder Ionenbestrahlung (Werte resultieren u. a. aus Arbeiten von Kaufmann et al. und Liger et al. - Abschnitt 3) [63, 66, 74, 77], intrinsisch leitfähige Polymere [78, 79], Ladungstransferkomplexe [74], Metallnanopartikel [80, 81], Kohlenstoffnanoröhren [74, 82] und Leitruß [83]; Werte für sensitive Halbleiter in Mikrobolometern: α_R (R): siehe Tabelle 3.2; α_R (ρ): Fit der Messergebnisse von VOx-Schichten bei verschiedenen Herstellungsbedingungen [84].

Außerdem ist in Abb. 4.7 zu erkennen, dass die Temperaturkoeffizienten des Widerstandes der sensitiven Halbleiter in Mikrobolometern bei gleichem (spezifischem) Widerstand größer als die der dort aufgeführten Polymerkomposite sind. Dieser Unterschied resultiert trotz Ähnlichkeit der zugehörigen Leitungsmechanismen aus den verschiedenen Parametern, welche die jeweilige Leitfähigkeit gemäß den Gleichungen (2.85) und (2.88) bestimmen. Diese sind bei Halbleitern materialspezifische Parameter, wie der Bandabstand, die Ladungsträgerdichte und -beweglichkeit. Die Leitfähigkeit des Hopping-Prozesses wird dagegen auch von geometrischen Faktoren wie dem mittleren Abstand zum nächsten möglichen benachbarten Energiezustand und der Aktivierungsenergie beeinflusst. Letztere wird unter anderem durch die geometrische Verteilung der Energiezustände bestimmt. In leitfähigen Polymerkompositen ist diese Verteilung maßgeblich durch die Anordnung der Füllpartikel gegeben.

Somit bieten sich insbesondere halbleitende Materialien als Füllstoff an, welche vergleichbare Eigenschaften wie die sensitiven Halbleiter in Mikrobolometern haben. Eine Verbesserung der elektrischen Parameter im Gegensatz zu den in Abb. 4.7 gezeigten

Polymerkompositen ist bei einer solchen Auswahl jedoch nur dann zu erwarten, wenn die Gesamtleitfähigkeit des mit Halbleitern gefüllten Komposites durch den Leitungsmechanismus des Halbleiters bestimmt wird.

Die Auswahl eines halbleitenden Füllpartikels soll so erfolgen, dass dessen Bandabstand und damit dessen Temperaturkoeffizient des Widerstandes im Bereich typischer sensitiver Halbleiter in Mikrobolometern liegt. Die elektrischen Eigenschaften von ausgewählten Einelement- und von Verbindungshalbleitern werden in Tabelle 4.1 zusammengefasst und in Abb. 4.8 mit den zuvor beschriebenen Materialien verglichen.

Tabelle 4.1 Elektrische Eigenschaften von Halbleitern mit Bandabständen um 0,4 eV bei Raumtemperatur (300 K): Bandabstand E_g; Temperaturkoeffizient α_R des Widerstandes und spezifischer Widerstand ρ; Werte von Tellur in Richtung der c-Achse.

Halbleiter	E_g [eV]	α_R [%/K]	ρ [Ωcm]	Ref.
VO_2	0,65	-4,19	≈ 100	[60]
PbS	0,41	-1,87	14,3	[54, 85]
InAs	0,35	-2,85	0,204	[52, 85]
Te	0,33	-2,45	2,00	[53, 85]
PbTe	0,31	-1,17	4,90	[54, 85]
PbSe	0,28	-0,95	0,413	[54, 85]

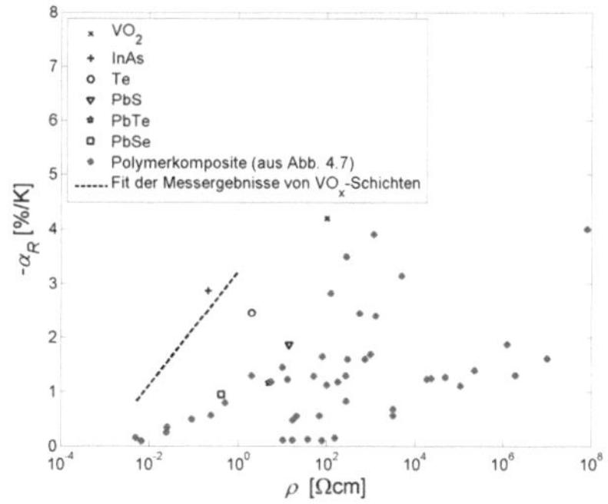

Abb. 4.8 Temperaturkoeffizient α_R des Widerstandes ausgewählter Halbleiter in Abhängigkeit vom spezifischen Widerstand ρ (blaue Symbole). Die Werte werden mit denen der Polymerkomposite aus Abb. 4.7 und mit VOx verglichen.

Hinsichtlich der elektrischen Eigenschaften sind Indiumarsenid (InAs), Vanadiumdioxid (VO_2) und Tellur (Te) die am besten für Bolometer geeigneten Materialien. Vanadiumdioxid und Tellur wurden für weitere Versuche ausgewählt. Indiumarsenid wurde nicht weiter betrachtet, weil es im Vergleich zu den anderen beiden Materialien giftig ist und es weder in geeigneter Form kommerziell erhältlich noch einfach chemisch synthetisierbar ist.

Neben den halbleitenden Partikeln werden auch metallische Silberpartikel als Füllstoffe des sensitiven Polymerkomposites untersucht. Diese haben ebenso wie andere Metalle einen betragsmäßig geringeren Temperaturkoeffizient α_R des Widerstandes als Halbleiter. Dafür ist ihr $1/f$-Rauschverhalten aufgrund der großen Ladungsträgerdichte sehr gering (Gleichung (2.28)).

Im Folgenden werden die relevanten Charakteristika dieser Füllstoffe dargelegt. Geometrische Anforderungen an die Füllpartikel sind hauptsächlich durch die maximale Schichtdicke der sensitiven Schicht von 2 µm gegeben. Demzufolge können nur Füllpartikel verwendet werden, deren kleinste Abmessung geringer als 2 µm ist. Die kleinste Abmessung der im Anschluss aufgeführten Partikel liegt oberhalb von 100 nm. Deshalb können für die Partikel charakteristische Nanoeffekte vernachlässigt und die Eigenschaften des Volumenmaterials, d.h. die makroskopischen Werkstoffeigenschaften, angenommen werden. Solche Nanoeffekte resultieren aus der geringen Anzahl an Atomen und dem großen Verhältnis von der Oberfläche zum Volumen und äußern sich in einer Änderung der elektrischen und weiterer physikalischer Eigenschaften [86, 87].

a. Tellur

Tellur kann verhältnismäßig einfach durch chemische Reduktion zu einkristallinen Partikeln mit verschiedenen Aspektverhältnissen reduziert werden. Der Grund hierfür liegt in der trigonalen Kristallstruktur. Diese wird durch spiralförmige Ketten gebildet, die aus kovalent gebundenen Telluratomen bestehen (Abb. 4.9). Interaktionen mit den Nachbarketten erfolgen ausschließlich durch Van-der-Waals-Bindungen [88]. Dieser Kristallaufbau bevorzugt ein Wachstum entlang der spiralförmigen Kettenstruktur (c-Achse) und somit die Bildung nadelförmiger Partikel.

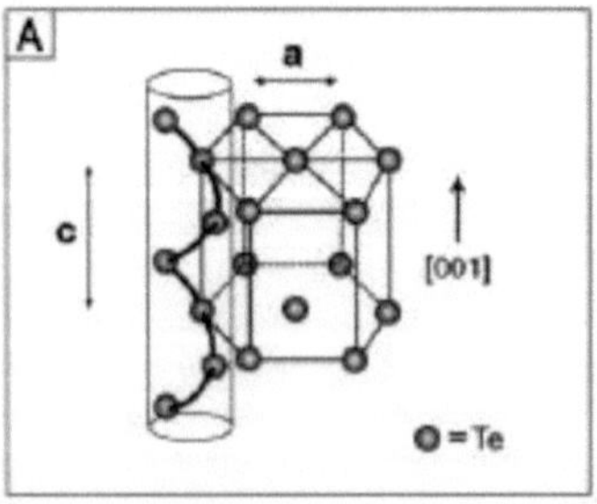

Abb. 4.9 Trigonale Kristallstruktur von Tellur mit Vorzugswachstumsrichtung entlang der c-Achse (aus [89]).

Ein solch ausgeprägtes Wachstum entlang einer Vorzugswachstumsrichtung existiert bei wenigen metallischen und halbleitenden Materialien. Ohne gezielte und aufwendige Beeinflussung entstehen im Allgemeinen kugelförmige Strukturen. Der Vorteil von Partikeln mit großen Aspektverhältnissen ist zum einen der geringere Füllgrad, der für das Erreichen des gewünschten Widerstandsbereiches benötigt wird (siehe Abschnitt 2.2.1). Zum anderen können diese Partikel einfacher im elektrischen Feld ausgerichtet werden (siehe Abschnitt 2.3).

Einkristallines Tellur ist ein Halbleiter mit einem geringen Bandabstand von 0,33 eV bei Raumtemperatur. Aufgrund der Anisotropie der Kristallstruktur besteht ebenfalls eine Richtungsabhängigkeit der Leitfähigkeit. Entlang der c-Achse beträgt diese bei Raumtemperatur σ_c = 2 S/cm, entlang der beiden anderen Achsen ist sie um Größenordnungen geringer [90].

Die chemische Synthese von einkristallinen Tellurpartikeln kann anhand verschiedener Syntheserouten erfolgen [89, 91, 92]. Besonders geeignet für die Anwendung in leitfähigen Polymerkompositen ist eine stabilisatorfreie Synthese, da diese zu Partikeln mit einer sauberen Oberfläche führt. Zur Herstellung von Tellurpartikeln wurde die Syntheseroute von Mayers et al. gewählt [89]. Durch Reduktion von Tellursäure (H_6TeO_6) mit Hydrazin (N_2H_4) in einem Ethylenglycol/Wasser-Gemisch entstehen die gewünschten Tellurnadeln entsprechend folgender Reaktionsgleichung:

$$2H_6TeO_6 + 3N_2H_4 \rightarrow 2Te + 3N_2 + 12H_2O.$$

Die Reaktionstemperatur hat einen Einfluss auf die Partikelgröße [89]. Sie wurde zu 188°C gewählt. Die resultierenden Tellurnadeln weisen eine homogene Größenverteilung mit Durchmessern von (200...250) nm und Längen von (5...6) µm auf (Abb. 4.10). Das Aspektverhältnis der Partikel beträgt somit ca. 25.

Abb. 4.10 Rasterelektronenmikroskopische (REM) Aufnahmen von synthetisierten Tellurnadeln bei verschiedenen Vergrößerungen.

Die kristallografischen Eigenschaften der Tellurnadeln wurden mittels Röntgenbeugung (XRD) untersucht (Abb. 4.11). Der Datenbankvergleich ergibt [93], dass der Anteil von kristallinem Tellur größer als 99 % ist.

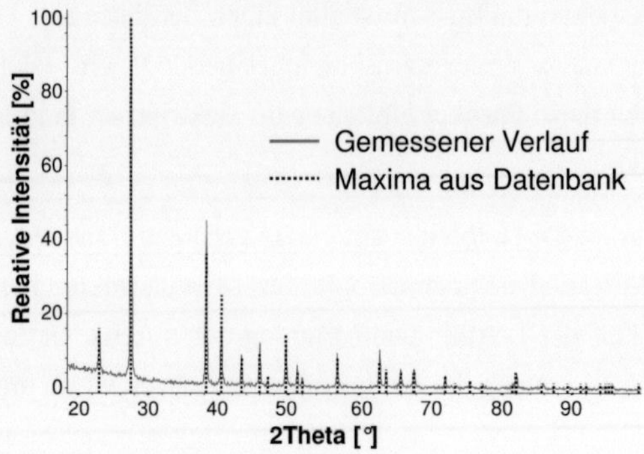

Abb. 4.11 XRD-Messung der synthetisierten Tellurnadeln.

Die atomare Oberflächenzusammensetzung von Tellurnadeln wurde durch Röntgen-Fotoelektronenspektroskopie (XPS) bestimmt und ist in Tabelle 4.2 aufgeführt. Das Messverfahren liefert bei den gewählten Bedingungen Informationen bis zu einer Tiefe von ca. 2 nm. Demzufolge werden ausschließlich oberflächennahe Bereiche der Nadeln untersucht. Der sehr große Telluranteil von 97,45 % deutet darauf hin, dass die Oberfläche nahezu frei von Verunreinigungen ist. Die Kohlenstoff- und Sauerstoffreste sind größtenteils auf das während der Synthese verwendete Lösungsmittel Ethylenglycol zurückzuführen.

Tabelle 4.2 Atomare Zusammensetzung der Tellurnadeloberfläche in Gewichtsprozent, bestimmt durch XPS-Messung.

Element	Gew.%
Tellur	97,45
Kohlenstoff	2,05
Sauerstoff	0,50

Eine weitere mögliche Verunreinigung kann durch oberflächliche Oxidation der Tellurnadeln erfolgen. Dieser Effekt kann bei Nanopartikeln infolge der großen Oberfläche besonders stark ausgeprägt sein [94]. Zur Untersuchung dieses Einflusses wurden XPS-Messungen an zwei geeigneten Tellurproben durchgeführt, wobei die erste direkt nach der Synthese für zwei Wochen im Vakuum und die zweite für den gleichen Zeitraum an Luft gelagert wurde. Wie in Abb. 4.12 zu erkennen ist, vergrößert sich das Signal für vierfach oxidiertes Tellur (Te(IV) → TeO_2) bei einer Bindungsenergie von ca. 576 eV [95] durch die Lagerung an Luft. Der relative Anteil dieses oxidierten Tellurs zum metallischen Tellur (Te(0)), dessen Bindungsenergie bei ca. 573 eV liegt, ist verhältnismäßig gering. Durch Anwendung einer geeigneten Fittingprozedur ergibt sich ein Verhältnis, das kleiner als 5 % ist.

Die prinzipielle Oxidationsneigung der Tellurpartikel erfordert trotzdem eine sauerstofffreie Lagerung bzw. unmittelbare Synthese der Partikel vor der Weiterverwendung.

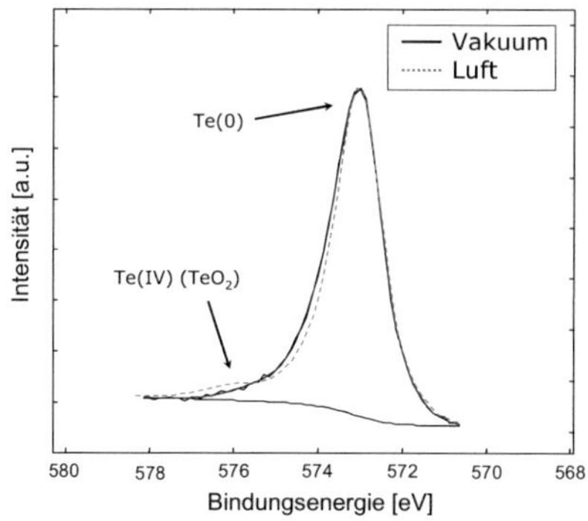

Abb. 4.12 XPS-Analyse der Oberflächenoxidation bei Tellurproben nach Lagerung über zwei Wochen im Vakuum und an Luft.

b. Vanadiumdioxid

Vanadiumdioxid (VO_2 auch Vanadium(IV)-oxid) wird zumeist durch Reduktion aus V_2O_5 (Vanadium(V)-oxid) hergestellt [96]. Letzteres ist eins der natürlich auftretenden Oxide des Vanadiums. Die verwendeten Vanadiumdioxidpartikel (Hersteller: Aldrich) haben eine Größenverteilung von einigen hundert Nanometern bis ca. 10 µm. Durch einen Sedimentationsvorgang erfolgt eine Trennung der Partikel in Abhängigkeit von ihrer Größe. Die daraus resultierenden Partikel haben eine maximale Größe von 2 µm (Abb. 4.13) und genügen somit den zuvor beschriebenen geometrischen Anforderungen an den Füllstoff.

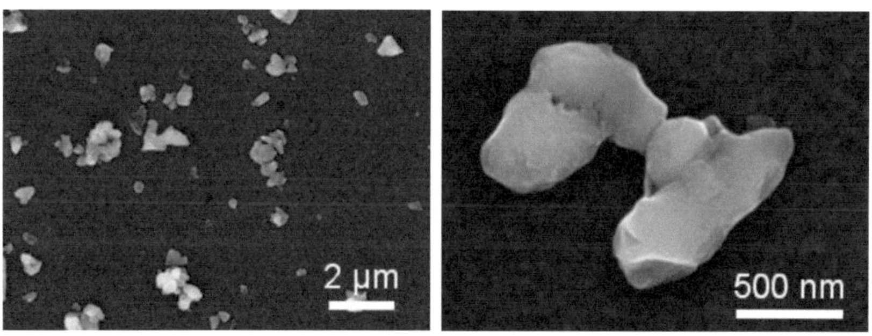

Abb. 4.13 REM-Aufnahmen von VO_2-Partikeln bei verschiedenen Vergrößerungen.

VO_2 ändert seine kristallinen Eigenschaften von einer monoklinen zu einer tetragonalen Rutil-Struktur bei 68°C [97]. Dieser Phasenübergang ist gleichzeitig durch eine Änderung der elektrischen Eigenschaften von metallischer Leitfähigkeit oberhalb zu halbleitenden Leitungsmechanismen unterhalb der Phasenübergangstemperatur gekennzeichnet. Dabei ändert sich die elektrische Leitfähigkeit um ca. fünf Größenordnungen. Aufgrund einer charakteristischen Hysterese der elektrischen Eigenschaften in einem

Temperaturintervall von (1...2) K bei der Phasenübergangstemperatur [60] ist dieser weitestgehend ungeeignet für die Nutzung in einem Mikrobolometer.

In dieser Arbeit sollen die VO_2-Partikel in der halbleitenden Phase unterhalb von 68°C genutzt werden. Bei Raumtemperatur und damit im Bereich der halbleitenden Phase sind die elektrischen Eigenschaften des Vanadiumdioxids durch den zuvor beschriebenen Bandabstand $E_g = 0{,}65$ eV und den spezifischen Widerstand von ca. 100 Ωcm gekennzeichnet [60].

c. *Silberpartikel*

Silberpartikel können durch eine einfache chemische Reduktion aus einem geeigneten Präkursor (z.B. Silbernitrat) synthetisiert werden [98]. Die Synthese erfolgt durch Reduktion des Präkursors in einem geeigneten Lösungsmittel. Durch Variation der Prozessparameter und der möglichen Zugabe von Stabilisatormolekülen kann die Partikelgröße und -form beeinflusst werden. Ohne eine solche gezielte Modifizierung der Wachstumsbedingungen wachsen Silberpartikel aufgrund der kubisch-flächenzentrierten Kristallstruktur als nahezu kugelförmige Strukturen. Die verwendeten Silberpartikel (Hersteller: Aldrich) haben laut Herstellerangabe [99] einen Silberanteil von mindestens 99 % und einen Durchmesser von ca. 150 nm (Abb. 4.14). Die Aufnahmen mit einem Rasterelektronenmikroskop (REM) zeigen, dass neben Partikeln im angegebenen Größenbereich auch Partikel bis zu einem Durchmesser von ca. 1 µm vorhanden sind.

Abb. 4.14 REM-Aufnahmen der verwendeten Silberpartikel bei verschiedenen Vergrößerungen.

Silber hat eine elektrische Leitfähigkeit von $6{,}6 \cdot 10^5$ S/cm und einen Temperaturkoeffizienten α_R des Widerstandes von 0,41 %/K bei 273 K [51].

5 Elektrische Eigenschaften von Polymerkompositen

In diesem Kapitel sollen die elektrischen Eigenschaften verschiedener Polymerkomposite betrachtet und hinsichtlich ihrer Eignung für die Integration in einem thermoresistiven Infrarotsensor (Mikrobolometer) bewertet werden. Der Schwerpunkt der Untersuchungen soll dabei auf folgenden sensorrelevanten Parametern liegen, deren Einflüsse im folgenden Kapitel detailliert beschrieben werden:

- Widerstand R bzw. spezifischer Widerstand ρ,
- Temperaturkoeffizient α_R des Widerstandes,
- Strom-Spannungskennlinien,
- Rauschverhalten und
- Abhängigkeit der elektrischen Eigenschaften von verschiedenen geometrischen Faktoren.

Dabei werden sowohl homogene Polymerkomposite mit einem typisch perkolativen Verhalten als auch solche Systeme, bei denen die Füllpartikel durch Dielektrophorese zwischen den Messelektroden ausgerichtet wurden, betrachtet.

In einem Polymerkomposit mit leitfähigen Füllmaterialien setzt sich das elektrische Verhalten aus den Übergangswiderständen $R_{El\text{-}P}$ der äußeren Partikel zu den Elektroden, den Widerständen der einzelnen Partikel R_P und den Übergangswiderständen R_H zwischen den Partikeln zusammen (Abb. 5.1). Letztere werden bei Raumtemperatur vor allem durch Hopping-Leitung bestimmt (siehe Abschnitt 2.4.2).

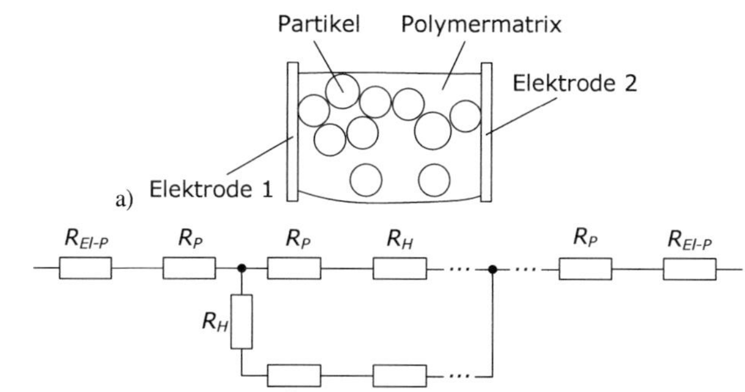

Abb. 5.1 (a) Schematische Darstellung eines perkolativen Netzwerkes zwischen zwei Elektroden und (b) zugehöriges vereinfachtes Widerstandsnetzwerk, bestehend aus Reihen- und Parallelschaltung folgender Widerstandselemente: Übergangswiderstand $R_{El\text{-}P}$ zwischen Elektrode und Partikel, Partikelwiderstand R_P und dem Widerstand R_H, welcher aus den Hoppingübergängen zwischen den Partikeln resultiert.

5.1 Experimentelles Vorgehen

Als elektrisch leitfähige Füllstoffe werden die in Abschnitt 4.3.2 beschriebenen Tellurnadeln, Silber- und VO_2-Partikel untersucht. Als Matrixpolymer wird der Fotoresist AZ 1514 genutzt, welcher ebenfalls in der sensitiven Schicht des Mikrobolometers verwendet werden soll. Die Suspensionen, bestehend aus den jeweiligen Füllpartikeln, dem Fotoresist und dessen Lösungsmittel PGMEA, bilden nach einem Energieeintrag mittels eines Ultraschallbades bei einer Behandlungsdauer von (10…30) min homogene Systeme. Diese bleiben in einem Zeitbereich von mindestens 30 min stabil. Somit können die jeweiligen Prozessschritte ausgeführt werden, ohne dass eine nennenswerte Partikelagglomeration erfolgt. Die Suspensionen wurden auf Glassubstrate mit vorstrukturierten Goldelektroden aufgetropft. Soweit nicht anders aufgeführt, entspricht diese Elektrodenstruktur der in Abb. 5.2 gezeigten Form mit einem Elektrodenabstand von 50 µm und spitz aufeinander zulaufenden Enden. Die Suspensionen, deren Füllpartikel anschließend durch Dielektrophorese zwischen den Elektroden ausgerichtet werden sollen, enthalten 0,1 Vol.% Füllpartikel in Relation zum polymeren Festanteil des Fotoresistes. Die dielektrophoretische Ausrichtung erfolgte bei einer Frequenz f = 10 kHz und einer Spannung U_{Dep} = 15 V. Die Schichtdicke dieser Komposite wurde anschließend durch einen Spin-Coating-Prozess auf 2 µm abgedünnt. Dadurch kann die Partikelverteilung optisch untersucht werden (Abb. 5.2). Sämtliche Komposite wurden bei 150°C ausgeheizt, um das Lösungsmittel zu verdampfen und den Fotoresist thermisch zu vernetzen. Die Schichtdicke der Komposite mit homogener Füllstoffverteilung liegt bei ca. 100 µm.

Die temperaturabhängigen Messungen erfolgten in einem Klimaschrank (Heraeus HC 0020) bei einer relativen Luftfeuchte von 0 %. Somit können Feuchteeinflüsse auf die elektrischen Eigenschaften ausgeschlossen werden. Diese würden unter anderem zu einer Quellung der Polymermatrix führen. Eine trockene Umgebung entspricht außerdem der gängigen Anwendungsbedingung von Mikrobolometern, welche standardmäßig hermetisch versiegelt bei Unterdruck betrieben werden.

Strom-Spannungs-Kennlinien wurden mit dem programmierbaren Elektrometer Keithley 617 aufgenommen. Die maximalen relativen Messunsicherheiten dieser Messungen treten bei den Kompositen mit den größten spektralen Rauschspannungen (Tellurkomposite) auf und liegen bei ±2 %. Bei den Temperaturkoeffizienten des Widerstandes ergeben sich relative Messunsicherheit von bis zu ±4 %, welche zusätzlich durch die Genauigkeit der Temperaturmessung beeinflusst werden.

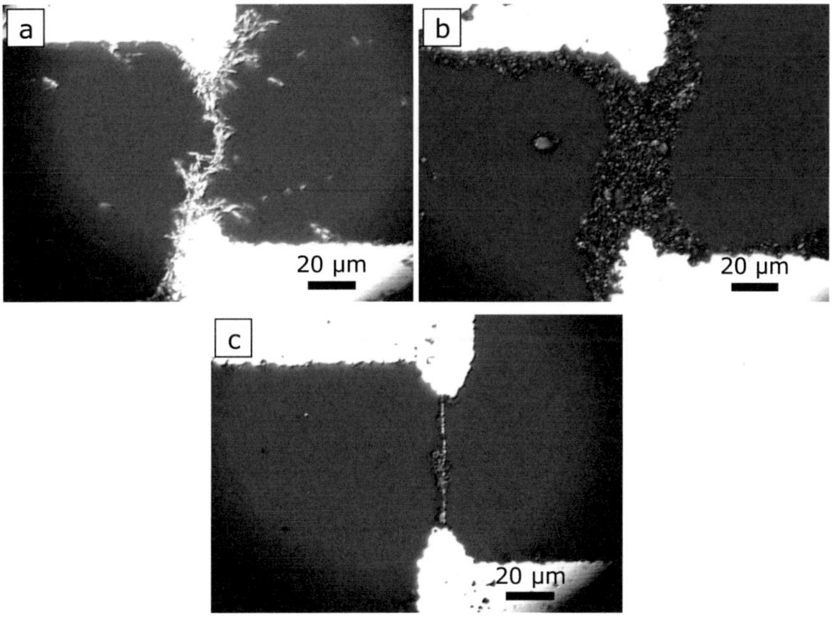

Abb. 5.2 Dielektrophoretisch ausgerichtete Partikel zwischen Elektroden (helle Bereiche): (a) Tellurnadeln, (b) VO_2-Partikel und (c) Silberpartikel.

Rauschmessungen erfolgten durch Messung der spektralen Rauschspannung mit einem Lock-In-Verstärker (EG&G Instruments 7265 DSP), welcher einen Eingangswiderstand von 10 MΩ hat. Die Biasspannung über der jeweiligen Probe wurde anhand von Batterien mit vergleichsweise geringen Rauschpegeln erzeugt und mittels eines geeigneten Vorwiderstandes über einen Spannungsteiler eingestellt. Es wurden Vorwiderstände von maximal 1 MΩ verwendet, damit der Widerstand des Messkreises genügend klein gegenüber dem Eingangswiderstand des Lock-In-Verstärkers ist. Die tatsächliche Rauschspannung der Probe wird aus der gemessenen Spannung berechnet, indem diese mit dem Spannungsteiler multipliziert wird. Die relative Messunsicherheit der ermittelten spektralen Spannungsrauschwerte ist sehr groß und liegt bei maximal ±20 %.

5.2 Füllstoff Tellurnadeln

Der spezifische Widerstand von Tellurkompositen mit homogener Füllstoffverteilung ist in Abb. 5.3 in Abhängigkeit vom Volumenfüllgrad dargestellt. Zu erkennen ist ein charakteristisches Perkolationsverhalten, welches sich durch den Fit nach Gleichung (2.47) gut nachbilden lässt. Die Fitting-Prozedur ergibt eine Perkolationsschwelle von 1,52 Vol.%. Unterhalb der Perkolationsschwelle entspricht der spezifische Widerstand ρ des Komposites den Werten des ungefüllten Fotoresistes von ca. $1*10^{10}$ Ωcm. Somit liegt die gemessene Perkolationsschwelle im Bereich der Werte von (1,7…3,1) %, welche aus dem Modell des ausgeschlossenen Volumens (siehe Abschnitt 2.2.1) resultieren. Dieser theoretische Wertebereich ergibt sich aus den Gleichungen (2.41) und (2.43) für die zylinderförmigen Tellurnadeln mit einem Aspektverhältnis von 25 (Modellparameter $c_{ex} = 1 \ldots 1{,}8$).

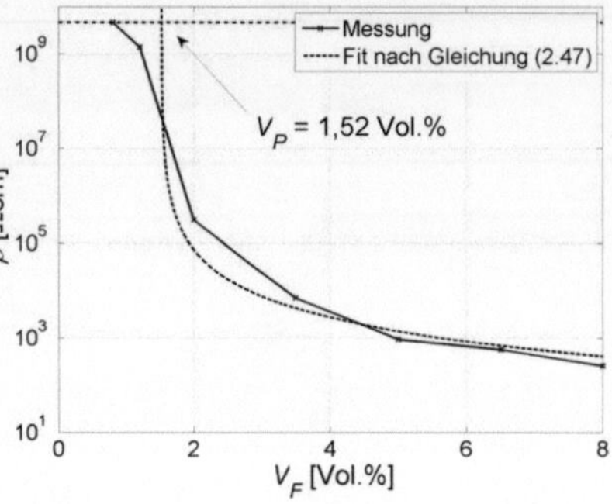

Abb. 5.3 Perkolationsverhalten des Komposites mit homogen verteilten Tellurnadeln: spezifischer Widerstand ρ versus Volumenfüllgrad V_F.

Der spezifische Widerstand der Komposite mit hohen Volumenfüllgraden liegt um ca. zwei Größenordnungen oberhalb des spezifischen Widerstandes von Tellur (ρ_{Te} = 2 Ωcm). Dieser Unterschied deutet darauf hin, dass auch bei hohen Füllgraden der Leitfähigkeitsmechanismus zwischen den Partikeln durch Potenzialbarrieren bestimmt ist. Diese können sowohl durch eine Oxidschicht auf der Telluroberfläche als auch durch die Polymermatrix zwischen den Partikeln erklärt werden. Bei hohen Füllgraden ist jedoch die erste Erklärung wahrscheinlicher, da dann die Partikel aufgrund der Anziehungskräfte untereinander zu einer stabilen Agglomeration neigen.

Temperaturabhängige Strom-Spannungs-Kennlinien und daraus berechnete Temperaturkoeffizienten des Widerstandes sind für die charakteristischen Tellurkomposite in Abb. 5.4 dargestellt.

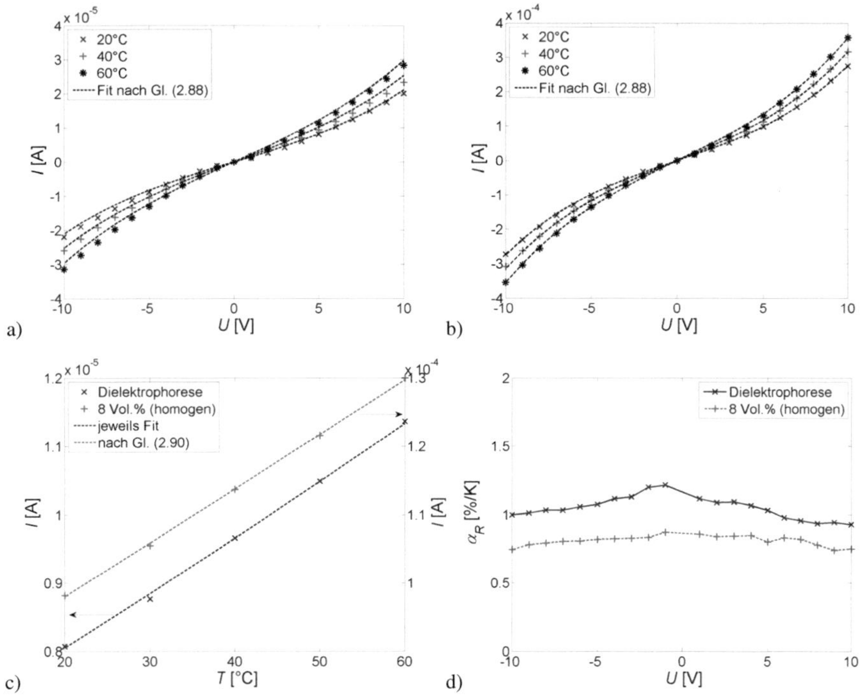

Abb. 5.4 Elektrische Eigenschaften von Tellurkompositen: temperaturabhängige Strom-Spannungs-Kennlinien der Komposite (a) mit ausgerichteten Partikeln (Dielektrophorese) und (b) mit homogener Verteilung bei 8 Vol.%; (c) temperaturabhängige Darstellung des Stromes I bei $U = 5$ V; (d) Temperaturkoeffizient α_R des Widerstandes in Abhängigkeit von der Spannung U, berechnet nach Gleichung (2.91).

Die Messwerte lassen sich durch das Modell des Hopping-Leitungsmechanismus gemäß Gleichung (2.88) interpretieren. Der zweite exponentielle Term in Gleichung (2.88) ähnelt prinzipiell dem von Gleichung (2.85), welcher die elektrische Leitfähigkeit von Halbleitern beschreibt. Somit können die Anteile der Eigenleitung der Tellurnadeln und der Hoppingübergänge zwischen den Partikeln anhand der Messergebnisse nicht separiert werden. Es ergibt sich eine Überlagerung aus der Aktivierungsenergie des Hopping-Prozesses und des Bandabstandes des Halbleiters, welche maßgeblich den Temperaturkoeffizienten des Widerstandes bestimmen.

Die Nichtlinearitäten der gemessenen Strom-Spannungs-Kennlinien und der tendenziell zu beobachtende Abfall von α_R bei steigenden Spannungen lassen sich theoretisch durch den feldstärkeabhängigen sinh-Term von Gleichung (2.88) erklären.

In Abb. 5.5 ist das Rauschspannungsspektrum bei verschiedenen Biasspannungen U sowie das thermische Rauschverhalten ohne Biasspannung ($U = 0$ V) dargestellt. Letzteres liegt jeweils im Bereich der nach Gleichung (2.25) berechneten theoretischen thermischen Rauschspannung $\tilde{u}_{Rn,th}$. Die Abweichungen bei sehr niedrigen und sehr hohen

Frequenzen sind messplatzbedingt, da diese bei sämtlichen Proben zu beobachten sind. Diese Abweichungen werden vermutlich im unteren Frequenzbereich durch Kontaktprobleme und im oberen Frequenzbereich durch die Empfindlichkeit des Lock-In-Verstärkers hervorgerufen. Die gemessenen spektralen Rauschspannungen mit Biasspannung liegen im betrachteten Frequenzbereich weit oberhalb der Anteile des thermischen Rauschens, so dass das Rauschspektrum vom 1/*f*-Rauschen dominiert wird. Der auf die Rauschleistung bezogene Exponent χ der Frequenzabhängigkeit nach $1/f^{\chi}$ liegt zwischen 1,06 und 1,25 und entspricht somit typischen Werten (siehe Abschnitt 2.1.2). Die Verhältnisse der spektralen Rauschspannungen entsprechen im Rahmen der Messungenauigkeiten dem Verhältnis der Betriebsspannungen, welches nach Gleichung (2.30) zu erwarten ist.

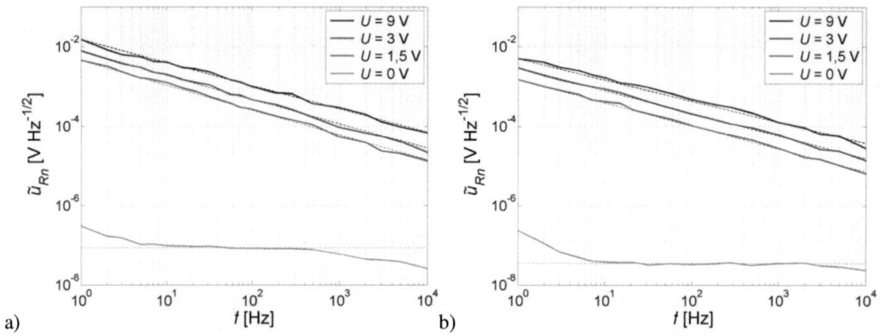

Abb. 5.5 Rauschspektren von Tellurkompositen (a) mit dielektrophoretischer Ausrichtung und (b) mit homogener Verteilung (8 Vol.%) bei verschiedenen Biasspannungen; Strichlinien entsprechen bei Spannungen $U > 0$ V einem theoretischen $1/f$-Rauschverhalten mit den auf die Rauschleistung bezogenen Exponenten $\chi = (1{,}06\ldots1{,}25)$ nach Gleichung (2.29) und bei $U = 0$ V der theoretischen thermischen Rauschspannung nach Gleichung (2.25).

5.3 Füllstoff Vanadiumdioxidpartikel

Die relevanten elektrischen Eigenschaften der mit Vanadiumdioxidpartikeln gefüllten Komposite werden in den Abb. 5.6 bis Abb. 5.8 gezeigt.

Das Perkolationsverhalten der Komposite mit homogener Füllstoffverteilung ist durch eine Perkolationsschwelle im Bereich um 20 Vol.% gekennzeichnet (Abb. 5.6). Dieser Wert liegt in der Nähe der aus mathematischen Überlegungen bestimmten Perkolationsschwelle für kugelförmige Strukturen von (15…17) Vol.% (siehe Abschnitt 2.2.1). Im Gegensatz zu den Tellurkompositen konnte bei den VO_2-Kompositen kein ausgeprägter Übergangsbereich des spezifischen Widerstandes festgestellt werden. Weitere, in Abb. 5.6 nicht aufgeführte Proben im Bereich der Perkolationsschwelle sind entweder hochohmig (Eigenleitfähigkeit der Polymermatrix) oder haben spezifische Widerstände von ca. 10^2 Ωcm. Der letztere Wert entspricht dem spezifischen Widerstand von Vanadiumdioxid.

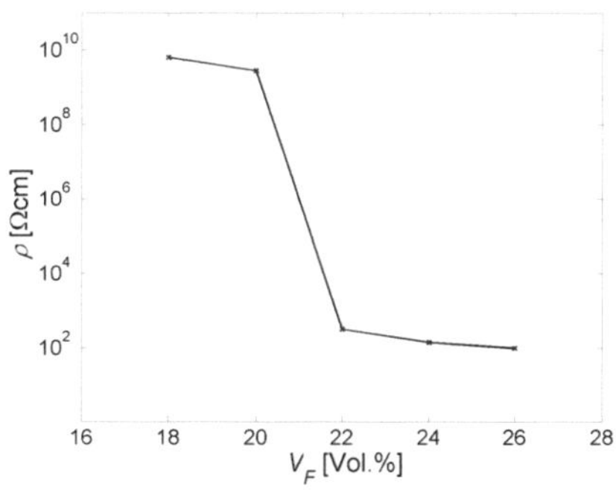

Abb. 5.6 Perkolationsverhalten des Komposites mit homogen verteilten VO_2-Partikeln: spezifischer Widerstand ρ versus Volumenfüllgrad V_F.

Die Strom-Spannungs-Kennlinien in Abb. 5.7 entsprechen prinzipiell dem Verlauf der Tellurkomposite und lassen sich mit denselben Gleichungen (2.85) und (2.88) beschreiben. Die Spannungsabhängigkeit des Temperaturkoeffizienten α_R des Widerstandes zeigt für die dielektrophoretisch ausgerichteten Füllpartikel einen stetigen Abfall mit steigender Spannung, was durch den feldstärkeabhängigen sinh-Term in Gleichung (2.88) bedingt ist. Beide Temperaturkoeffizienten des Widerstandes entsprechen ungefähr den Werten des Volumenmaterials ($\alpha_{R,VO2}$ = -4,19 %/K).

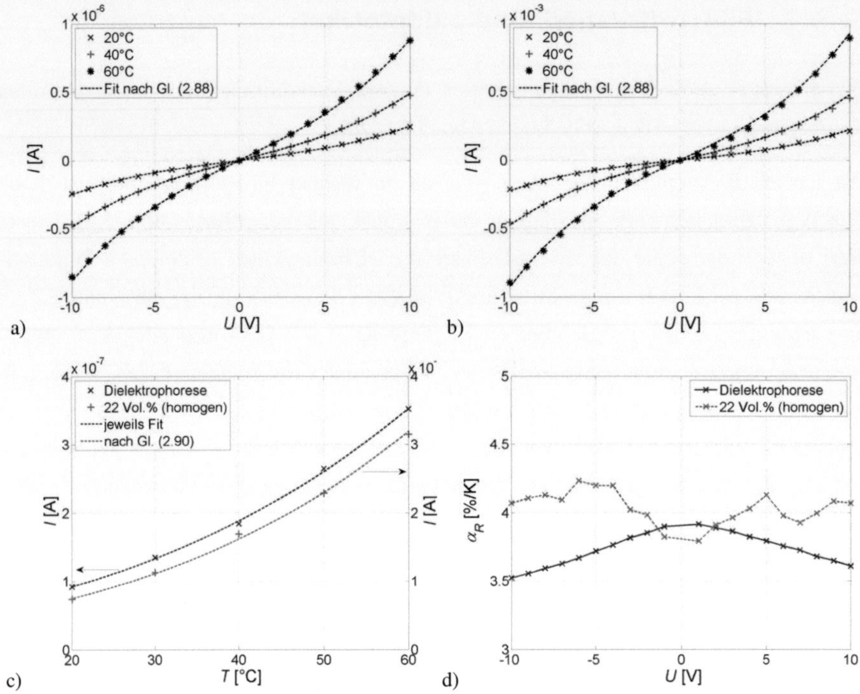

Abb. 5.7 Elektrische Eigenschaften der VO_2-Komposite: temperaturabhängige Strom-Spannungs-Kennlinien der Komposite (a) mit ausgerichteten Partikeln (Dielektrophorese) und (b) mit homogener Verteilung bei 22 Vol.%; zusätzlich jeweils temperaturabhängige Darstellung des Stromes bei $U = 5$ V; (c) temperaturabhängige Darstellung des Stromes I bei $U = 5$ V; (d) Temperaturkoeffizient α_R des Widerstandes in Abhängigkeit von der Spannung U, berechnet nach Gleichung (2.91).

Die zugehörigen Rauschspannungsspektren werden in Abb. 5.8 gezeigt. Deren Verläufe entsprechen bei $U > 0$ V ebenfalls prinzipiell einer typischen $1/f$-Rauschcharakteristik und dem theoretischen thermischen Rauschen ohne Biasspannung. Bei großen Frequenzen und bei $U > 0$ V ändert sich die Frequenzabhängigkeit der spektralen Rauschspannung für das Komposit mit ausgerichteten VO_2-Partikeln vom $1/f$-Rauschverhalten in ein frequenzunabhängiges Verhalten. Dieser Übergang erfolgt im Bereich des theoretischen thermischen Rauschpegels.

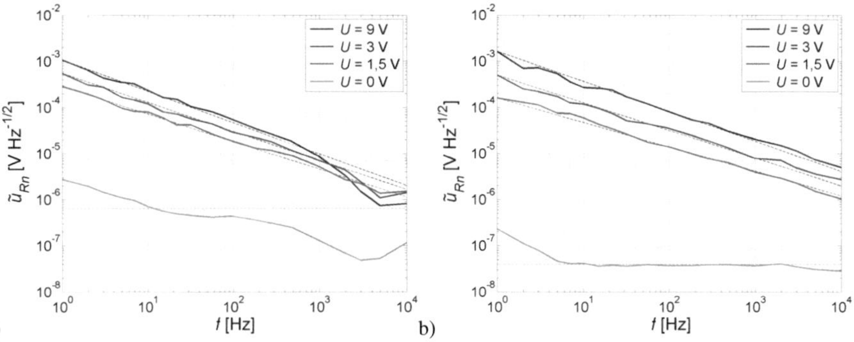

Abb. 5.8 Rauschspektren von VO_2-Kompositen (a) mit dielektrophoretischer Ausrichtung und (b) mit homogener Verteilung (22 Vol.%) bei verschiedenen Biasspannungen; Strichlinien entsprechen bei Spannungen $U > 0$ V einem theoretischen $1/f$-Rauschverhalten mit den auf die Rauschleistung bezogenen Exponenten $\chi = (1{,}06\ldots1{,}36)$ nach Gleichung (2.29) und bei $U = 0$ V der theoretischen thermischen Rauschspannung nach Gleichung (2.25).

5.4 Füllstoff Silberpartikel

Das Perkolationsverhalten der mit Silberpartikeln gefüllten Komposite (Abb. 5.9) ähnelt dem der Komposite mit VO_2-Partikeln. Die Perkolationsschwelle liegt hier bei 18 Vol.%. Bei hohen Füllgraden liegt der spezifische Widerstand weit oberhalb der Werte für kompaktes Silber ($1{,}5 \cdot 10^{-6}$ Ωcm). Bei diesen Proben wird die Gesamtleitfähigkeit durch die Zuleitungswiderstände von ca. 20 Ω begrenzt.

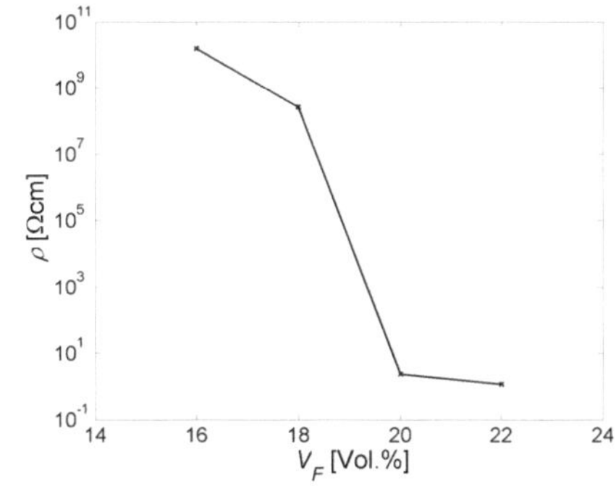

Abb. 5.9 Perkolationsverhalten des Komposites mit homogen verteilten Silberpartikeln: spezifischer Widerstand ρ versus Volumenfüllgrad V_F.

Die Strom-Spannungs-Kennlinien in Abb. 5.10 zeigen jeweils lineares Ohm'sches Verhalten mit einem Temperaturkoeffizienten des Widerstandes von $\alpha_R = 0{,}45$ %/K (ausgerichtete Partikel) und $\alpha_R = 0{,}35$ %/K (homogen verteilte Partikel). Die Werte liegen somit im erwarteten Bereich von kompaktem Silber ($\alpha_{R,Ag} = 0{,}41$ %/K). Abweichungen können beispielsweise aus thermischen Relativbewegungen zwischen dem Polymer und den Partikeln erfolgen. Der dargestellte Spannungsbereich in Abb. 5.10 resultiert aus der begrenzten thermischen und chemischen Stabilität der niederohmigen Komposite bei großen Stromdichten. Bei den Kompositen mit ausgerichteten Silberpartikeln muss dieses Stabilitätskriterium besonders berücksichtigt werden, da der kleine Querschnitt der kettenförmig angeordneten Partikel zu sehr großen Stromdichten führt. Hier wird die leitfähige Verbindung bei einer Spannung von mehr als 3 V zerstört.

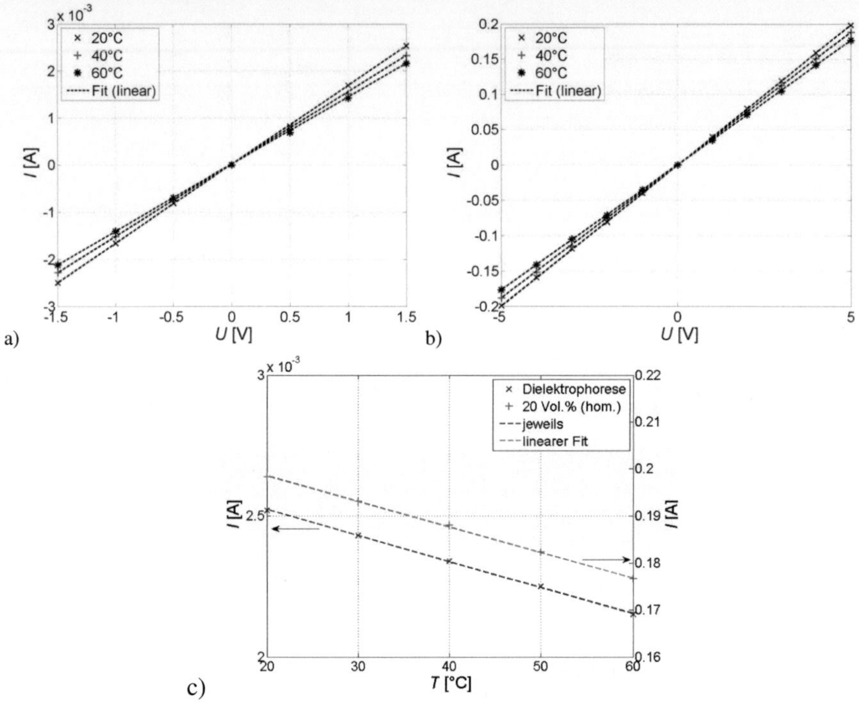

Abb. 5.10 Elektrische Eigenschaften der Silberkomposite: temperaturabhängige Strom-Spannungs-Kennlinien der Komposite (a) mit ausgerichteten Partikeln (Dielektrophorese) und (b) mit homogener Verteilung bei 20 Vol.%; (c) Temperaturabhängigkeit des Stromes *I* bei $U = 1{,}5$ V (Dielektrophorese) bzw. $U = 5$ V (20 Vol.% bei homogener Verteilung).

Die Rauschspektren der mit Silberpartikeln gefüllten Komposite für ($U > 0$ V) sind wiederum durch eine $1/f$-Charakteristik gekennzeichnet. Die Messung des thermischen Rauschens wird durch das Eigenrauschen des Lock-In-Verstärkers begrenzt, welches bei $\tilde{u}_{Rn} \approx 5$ nV Hz$^{-1/2}$ liegt.

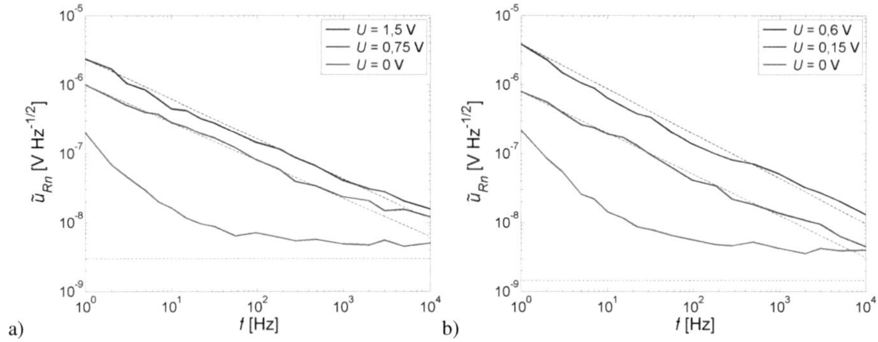

Abb. 5.11 Rauschspektren von Silberkompositen (a) mit dielektrophoretischer Ausrichtung und (b) mit homogener Verteilung (20 Vol.%) bei verschiedenen Biasspannungen; Strichlinien entsprechen bei Spannungen $U > 0$ V einem theoretischen $1/f$-Rauschverhalten mit den auf die Rauschleistung bezogenen Exponenten $\chi = (1{,}1 \ldots 1{,}3)$ nach Gleichung (2.29) und bei $U = 0$ V der theoretischen thermischen Rauschspannung nach Gleichung (2.25).

5.5 Weitere Einflussfaktoren

Die in den Abschnitten 5.2 bis 5.4 dargestellten Eigenschaften der leitfähigen Polymerkomposite werden durch eine Reihe von geometrischen und elektrischen Einflussfaktoren bestimmt, die im Folgenden diskutiert werden sollen.

a) Abhängigkeit des spezifischen Widerstandes von der Schichtdicke bei homogenen Kompositen

Die in den Abb. 5.3 bis Abb. 5.11 gezeigten elektrischen Eigenschaften der Komposite mit homogener Füllstoffverteilung beziehen sich auf Proben mit einer Schichtdicke von 100 µm. Diese ist sehr viel größer als die Abmessungen der untersuchten Füllpartikel. Wird die Schichtdicke soweit reduziert, dass sie im Bereich der Partikelabmessungen liegt, steigt die Perkolationsschwelle entsprechend Gleichung (2.46) an. Das führt zu einem Anstieg des spezifischen Widerstandes ρ, welcher am Beispiel des mit 8 Vol.% Tellurnadeln gefüllten Komposites in Abb. 5.12 bestätigt wird. Unterhalb einer Schichtdicke von 20 µm konnte sich kein elektrisch leitfähiges Netzwerk ausbilden, da der gemessene spezifische Widerstand dem Wert des ungefüllten Fotoresistes entspricht.

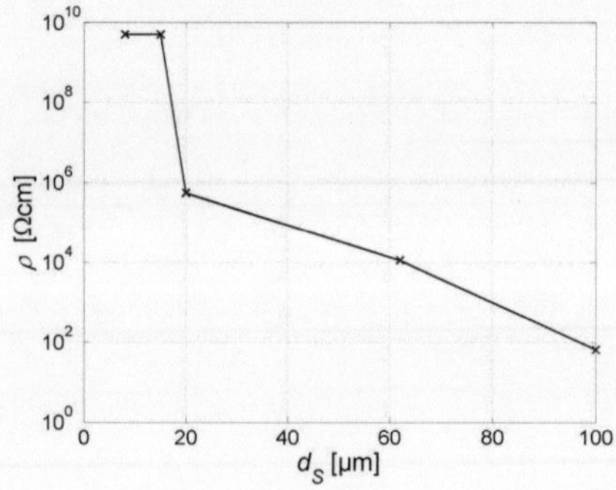

Abb. 5.12 Abhängigkeit des spezifischen Widerstandes von der Schichtdicke d_S für ein Polymer-Komposit, welches homogen mit 8 Vol.% Tellurnadeln gefüllt ist.

Für die sensitive Schicht des Mikrobolometers wird eine Schichtdicke von maximal 2 µm gefordert. Somit müssten wesentlich größere Volumenfüllgrade verwendet werden, um den gewünschten Widerstandsbereich zu erreichen.

b) Elektrodenabstand

Der Elektrodenabstand bestimmt bei gleichen Spannungen die Größe der auftretenden elektrischen Feldstärke. Deren Einfluss auf die elektrischen Eigenschaften eines leitfähigen Polymerkomposites ist wesentlich größer als bei homogenen Materialien. Der Grund hierfür liegt darin, dass die Leitungsmechanismen zur Überwindung der Potenzialbarrieren zwischen den elektrisch leitfähigen Partikeln stark von der elektrischen Feldstärke abhängen. Dies gilt sowohl für den spezifischen Widerstand ρ als auch für den daraus abgeleiteten Temperaturkoeffizienten α_R (Gleichung (2.88)). Außerdem wird das $1/f$-Rauschverhalten durch den Elektrodenabstand über das resultierende Volumen des leitfähigen Körpers bestimmt (Gleichung (2.29)). In Abb. 5.13 werden diese Einflüsse am Beispiel des Polymerkomposites mit homogen verteilten Tellurnadeln veranschaulicht. Die Vergleichselektrodenstruktur besteht aus parallelen Goldstreifen mit einer Länge von 5 mm und einem Abstand von 5 mm zueinander. Die elektrische Feldstärke dieser Probe bei gleichen Spannungen ist somit wesentlich geringer. Absolute Werte der elektrischen Feldstärke sollen an dieser Stelle nicht betrachtet werden, da diese aufgrund der Inhomogenitäten an den Elektrodenkanten und den Partikelrändern geometrisch stark variieren und somit kaum abgeschätzt werden können.

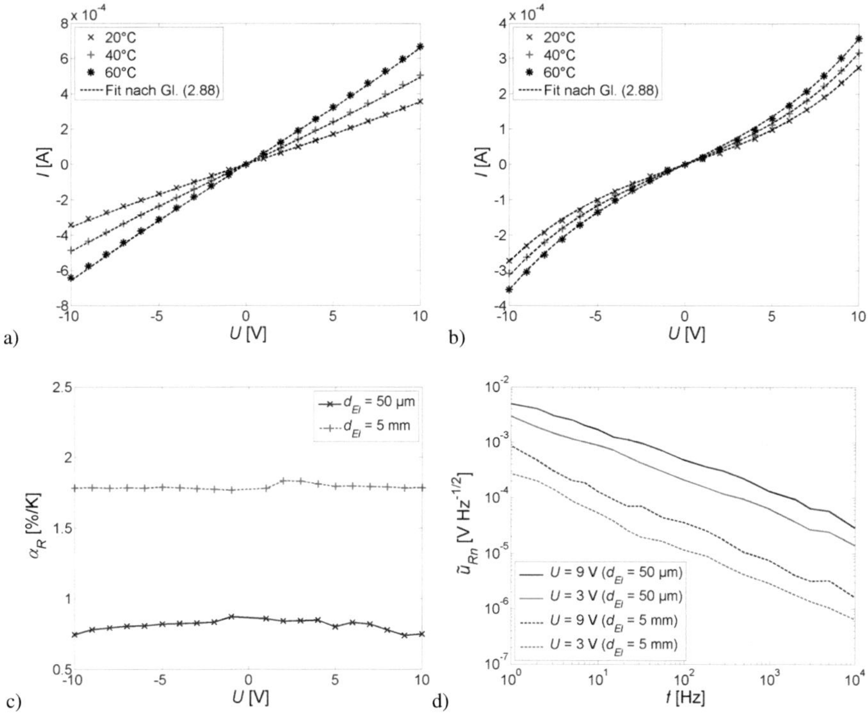

Abb. 5.13 Einfluss des Elektrodenabstandes d_{El} auf die elektrischen Eigenschaften eines homogenen Tellurkomposites (8 Vol.%): Strom-Spannungs-Kennlinien für (a) d_{El} = 5 mm und (b) d_{El} = 50 µm, (c) daraus berechnete Temperaturkoeffizienten α_R des Widerstandes in Abhängigkeit von der Spannung U und (d) Rauschspektren bei verschiedenen Biasspannungen.

Die Strom-Spannungs-Kennlinie der Probe mit dem Elektrodenabstand d_{El} = 5 mm ist im Vergleich zur Probe mit d_{El} = 50 µm weniger nichtlinear. Dieses Verhalten resultiert direkt aus dem sinh-Term in Gleichung (2.88) und bewirkt ebenfalls den stark ausgeprägten Unterschied in den Temperaturkoeffizienten α_R des Widerstandes zwischen den Proben (Abb. 5.13c). Bei der Probe mit dem größeren Elektrodenabstand ist nahezu keine Spannungsabhängigkeit des Temperaturkoeffizienten des Widerstandes zu beobachten. Somit kann für diese Probe eine hinreichend kleine Feldstärke angenommen werden, welche für die Beschreibung des eigentlichen Nearest-Neighbour-Hoppings und der entsprechenden Gleichung (2.90) vorausgesetzt wurde.

In Bezug auf die sensitiven Eigenschaften eines Mikrobolometers hat die Volumenabhängigkeit der spektralen Rauschspannung $\tilde{u}_{R,n}$ einen weit größeren Einfluss. Das Verhältnis der hier untersuchten Elektrodenabstände d_{El} und damit auch der Volumina V beträgt zwei Größenordnungen, welches theoretisch nach Gleichung (2.30) eine Änderung der spektralen Rauschspannung um eine Größenordnung bewirkt. Dieses Verhältnis entspricht annähernd den Messergebnissen in Abb. 5.13d.

c) Übergangswiderstände zwischen Füllpartikeln und Elektroden

Übergangswiderstände zwischen halbleitenden Materialien und Metallen äußern sich durch eine Schottkybarriere [51]. Diese bewirkt aufgrund der großen Differenz der Ladungsträgeranzahl eine Verzerrung der Bandstruktur des Halbleiters in der Nähe der Grenzfläche. Dieses Verhalten verursacht eine starke Nichtlinearität der Strom-Spannungs-Kennlinien im Bereich weniger Volt. Entsprechende Messungen für die halbleitenden Füllstoffe zeigen jedoch ein weitgehend lineares, d.h. Ohm'sches Verhalten in diesem Bereich (Abb. 5.14).

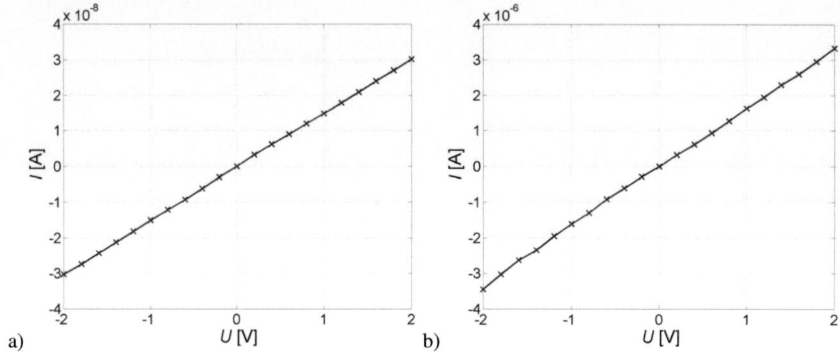

Abb. 5.14 Strom-Spannungs-Kennlinien der Komposite mit dielektrophoretisch ausgerichteten Füllstoffen: (a) Tellurnadeln und (b) VO_2-Partikel.

Die Größe der Schottkybarriere hängt direkt von der Differenz der Austrittsarbeiten der Materialien ab, welche bei den hier betrachteten Materialien gering ist (Tabelle 5.1). Diese Eigenschaft und die verhältnismäßig große Anzahl von Ladungsträgern der Halbleiter mit geringen Bandabständen erklären das beobachtete Verhalten. Demzufolge können Übergangswiderstände als Einflussfaktoren der Gesamtleitfähigkeit vernachlässigt werden.

Tabelle 5.1 Austrittsarbeiten der verwendeten Materialien.

Material	Austrittsarbeit [eV]	Ref.
Tellur	4,95	[100]
Vanadiumdioxid	4,81	[101]
Gold	5,1	[100]

5.6 Vergleich

In Abb. 5.15 werden die relevanten elektrischen Eigenschaften der untersuchten Polymerkomposite miteinander verglichen.

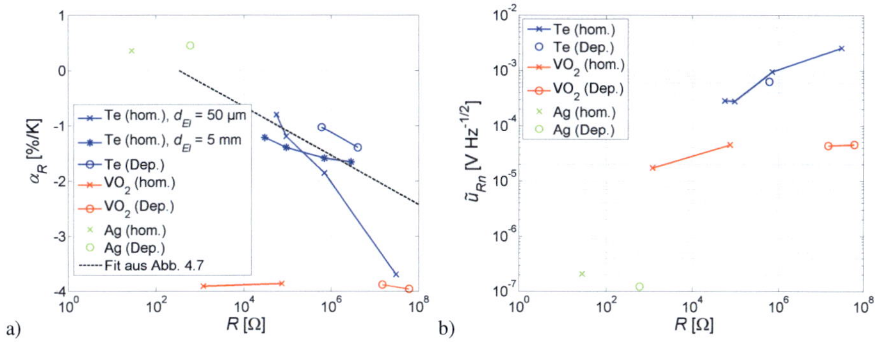

Abb. 5.15 (a) Temperaturkoeffizient α_R des Widerstandes und (b) spektrale Rauschspannung $\tilde{u}_{Rn}$ in Abhängigkeit vom Widerstand der untersuchten Komposite; Werte der spektralen Rauschspannung bei 52 Hz und einer Biasspannung von 3 V (halbleitende Füllpartikel) bzw. 0,6 und 0,75 V (Silberpartikel). Die gestrichelte Linie in (a) entspricht dem Fit der Werte der Polymerkomposite aus Abb. 4.7b. Soweit nicht anders angegeben ist der Elektrodenabstand d_{El} = 50 µm; hom. homogen; Dep. durch Dielektrophorese ausgerichtet.

Unabhängig vom Elektrodenabstand zeigen die Tellurkomposite eine exponentielle Abhängigkeit zwischen dem Widerstand R und dessen Temperaturkoeffizienten α_R, welche typisch für den Hopping-Leitungsmechanismus ist. Im Vergleich zum Fit der Werte aus Abb. 4.7b liegen diese Proben bei mittleren Widerständen in einem ähnlichen Bereich. Der exponentielle Zusammenhang $\alpha_R \sim \exp(R)$ für die Tellurkomposite zeigt verschiedene Anstiege in Abhängigkeit vom Elektrodenabstand. Zurückzuführen ist dieses Verhalten auf den feldstärkeabhängigen sinh-Term in Gleichung (2.88). Dessen Einfluss steigt bei großen Widerständen aufgrund der größeren mittleren Abstände d_e zwischen benachbarten Ladungszentren und führt zu den betragsmäßig höheren Temperaturkoeffizienten α_R des Widerstandes.

Bei den VO_2-Kompositen ist der Temperaturkoeffizient α_R des Widerstandes nahezu unabhängig vom Widerstand. Er resultiert also nicht aus der geometrischen Anordnung der Partikel, sondern aus dem Bandabstand des Halbleiters. Somit dominieren in diesen Kompositen halbleitende Prozesse den Ladungsträgertransport. Diese Aussage wird zusätzlich dadurch bestätigt, dass der spezifische Widerstand ρ der homogenen VO_2-Komposite ungefähr dem Wert des Volumenmaterials entspricht.

Die jeweiligen Leitungsmechanismen bestimmen das Rauschverhalten. Dies ist im Tellurkomposit, in dem die Ladungsträger eine Vielzahl von Potenzialbarrieren überqueren müssen, besonders groß. Die spektralen Rauschspannungen der Komposite mit homogen verteilten und ausgerichteten Füllpartikeln haben bei gleichen Widerständen ähnliche Werte. Der Anstieg der spektralen Rauschspannung $\tilde{u}_{Rn}$ mit steigenden Widerständen R entspricht annähernd der in Gleichung (2.30) beschriebenen Wurzelabhängigkeit.

Die Rauschpegel der VO_2-Komposite liegen um mindestens eine Größenordnung unter denen der Tellurkomposite, welches auf den geringeren Einfluss von Potenzialbarrieren zurückzuführen ist. Die spektralen Rauschspannungen $\tilde{u}_{Rn}$ der VO_2-Komposite sind nahezu unabhängig von der Verteilung der Füllpartikel. Dieses Verhalten ist erstaunlich, da deren Widerstandswerte sehr unterschiedlich sind. Eine mögliche Erklärung liegt darin, dass sich hier zwei Effekte überlagern: die Komposite mit ausgerichteten Füllpartikeln haben einerseits einen größeren Widerstand, welcher gemäß Gleichung (2.30) zu einem steigenden Rauschpegel führt, andererseits befinden sich deren Füllpartikel aufgrund der Dielektrophorese in (nahezu) direktem Kontakt miteinander. Da Vanadiumdioxid bereits ein Oxid ist, kann dessen Oberfläche nicht durch eine Oxidschicht isoliert werden. Demzufolge sind zwischen Partikeln im direkten Kontakt keine bzw. kleine Potenzialbarrieren zu erwarten.

Der Leitfähigkeitsmechanismus der Silberkomposite wird durch die metallischen Eigenschaften der Silberpartikel bestimmt. Dies äußert sich zum einen durch den positiven Temperaturkoeffizienten des Widerstandes. Zum anderen ist die spektrale Rauschspannung der Komposite sehr niedrig. Dieses Verhalten kann auf die hohen Ladungsträgerdichten des Silbers (Gleichung (2.28)) zurückgeführt werden. Die Werte weisen nahezu keine Abhängigkeit von der Füllpartikelanordnung auf.

Hinsichtlich der Eignung als sensitives Material in einem Mikrobolometer können die elektrischen Parameter mittels der spezifischen Detektivität D^* verglichen werden. Entsprechend den Gleichungen (2.12) und (2.18) ergibt sich der Einfluss der elektrischen Parameter zu:

$$D^* \sim \frac{R_V}{\tilde{u}_{Rn}} \sim \frac{\alpha_R R_B I_B}{\tilde{u}_{Rn}} = \frac{\alpha_R U_B}{\tilde{u}_{Rn}}. \tag{5.1}$$

Der Vergleich erfolgt anhand von Abb. 5.16. Silberpartikel zeigen die besten und Tellurnadeln die schlechtesten Eigenschaften. Diese Reihenfolge resultiert aus dem Rauschverhalten der Komposite, welches hier der maßgebliche Einflussfaktor ist.

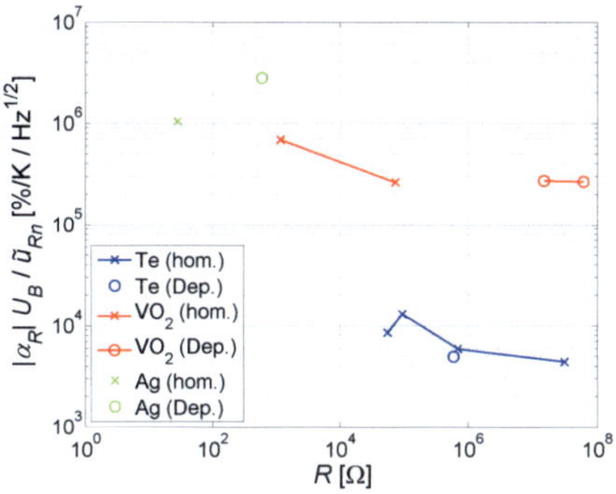

Abb. 5.16 Vergleich der elektrischen Parameter, welche die spezifische Detektivität D^* eines Mikrobolometers gemäß den Gleichungen (2.12) und (2.18) bestimmen, für die in Abb. 5.15 aufgeführten Polymerkomposite; hom. homogen; Dep. durch Dielektrophorese ausgerichtet.

Die Art der Partikelanordnung hat bei allen Kompositen nur einen geringen Einfluss auf die elektrischen Parameter der spezifischen Detektivität. Die Silberkomposite mit den dielektrophoretisch ausgerichteten Partikeln profitieren gegenüber ihren homogenen Pendants vor allem von ihrem größeren Widerstand, welcher für eine geringere Eigenerwärmung der Schicht benötigt wird.

Sollen homogene Komposite als sensitive Schicht eines Mikrobolometer-Pixel verwendet werden, müssen die benötigten Volumenfüllgrade aufgrund der geometrischen Anforderungen (siehe Abschnitt 4.2) sehr groß sein (siehe Abschnitt 5.5). Dadurch sinkt der polymere Anteil im Komposit so stark, dass die technologischen Prozesse der Polymerbearbeitung nicht bzw. nur ausgesprochen schlecht ausgeführt werden können. Für die in dieser Arbeit bevorzugten polymeren Technologien Spin-Coating und direkte Fotolithographie (siehe Abschnitt 6.4) liegen die Grenzen der Partikelanteile im Komposit bei ca. 10 Vol.% und ca. 5 Vol.%. Die Volumenfüllgrade liegen für die geforderten geometrischen Abmessungen für alle hier diskutierten Füllstoffe unterhalb der Perkolationsschwelle. Demzufolge erfolgt der technologische Aufbau der exemplarischen 2x2-Mikrobolometer-Arrays im folgenden Kapitel ausschließlich mit Kompositen, deren Füllstoffe dielektrophoretisch ausgerichtet sind. In einem solchen System können elektrisch leitfähige Netzwerke erzeugt werden, wenn die Komposite sehr geringe Volumenfüllgrade (z.B.: 0,1 Vol.%) aufweisen.

6 Technologischer Prozess

Bei der Auswahl der technologischen Verfahren zur Herstellung des auf polymeren Materialien basierenden Mikrobolometers wurde sowohl auf einen geringen gerätetechnischen Aufwand als auch auf eine parallele Prozessierbarkeit der Sensorelemente Wert gelegt. Bei Verwendung polymerer Materialien sind zusätzlich folgende Bedingungen zu berücksichtigen:

- Die einzelnen Polymerschichten müssen im gewünschten Schichtdickenbereich homogen herstellbar und lateral gut strukturierbar sein.
- Die zu verwendenden Lösungsmittel und Entwickler dürfen die zuvor hergestellten Schichten nicht auflösen oder aufquellen lassen.
- Bei jeder Temperaturbelastung, wie sie beispielsweise bei der Beschichtung mit anorganischen Materialien (Erzeugung der Elektroden) auftritt, muss die thermische Stabilität der bereits vorhandenen Polymerschichten beachtet werden.

Entsprechend diesen Anforderungen wurde eine Technologiefolge entwickelt, um die in Abb. 4.2 dargestellten Strukturen erzeugen zu können. Diese Technologiefolge umfasst neben Standardprozessen der Halbleitertechnologie auch eine Stempeltechnik (Micromolding in Capillaries MIMIC) als neuartiges Verfahren in der Mikrosystemtechnik. Die Erzeugung der Bolometer-Pixel (ohne Back-End-Prozessierung) umfasst sieben Prozessabschnitte (Tabelle 6.1). Dabei werden drei Masken verwendet, welche zur Strukturierung der Trägerschicht, der Elektroden und der sensitiven Bereiche benötigt werden.

Im Folgenden werden die einzelnen Prozessschritte detailliert beschrieben. Sie werden zusätzlich durch dreidimensionale Abbildungen veranschaulicht, welche die Erzeugung eines 2x2-Mikrobolometer-Arrays darstellen. Ein solches Array kann exemplarisch für eine beliebig große Anzahl an Pixeln betrachtet werden, da diese durch eine einfache Anpassung der strukturübertragenden Prozesse (Fotomasken) hergestellt werden können. Ausgenommen von dieser Skalierbarkeit ist die elektrische Kontaktierung der einzelnen Pixel, welche bei größeren Arrays in zwei voneinander getrennten Ebenen erfolgen muss. Auf diese Problemstellung wird im Abschnitt 6.3 eingegangen.

Tabelle 6.1 Schematische Darstellung und mikroskopische Aufnahmen der einzelnen Prozessschritte zur Herstellung eines 2x2-Mikrobolometer-Arrays entsprechend Abb. 4.2a; Mikroskopische Aufnahmen mit teils wechselnden Lichtverhältnissen zur Hervorhebung der jeweils relevanten Details.

1. Aufbringung und Strukturierung der Trägerschicht (Spin-Coating & UV-Lithografie)	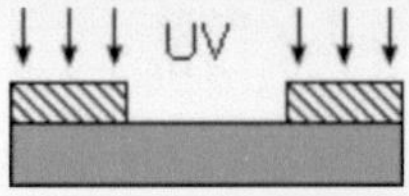	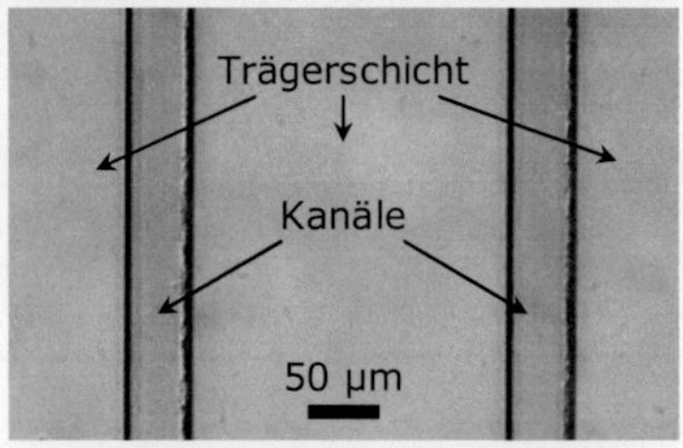
2. Erzeugung und gleichzeitige Strukturierung der Opferschicht (MIMIC)	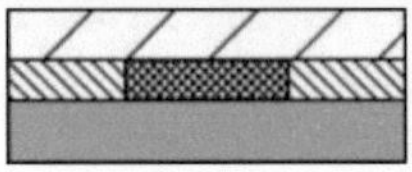	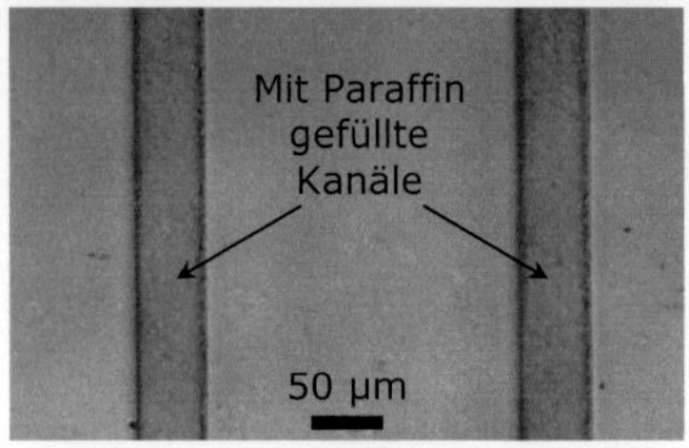
3. Bedampfung und Strukturierung der Elektroden (Lift-Off-Technik)	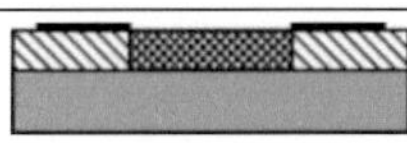	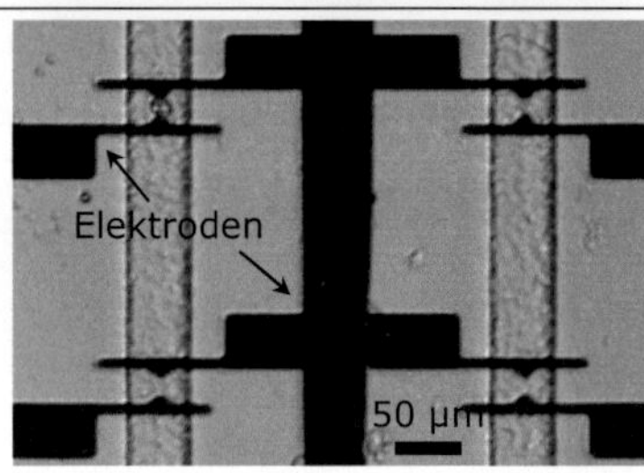
4. Beschichtung mit gelöstem Polymerkomposit	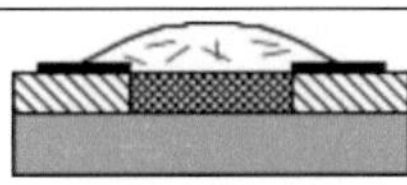	
5. Ausrichtung der Partikel durch Dielektrophorese	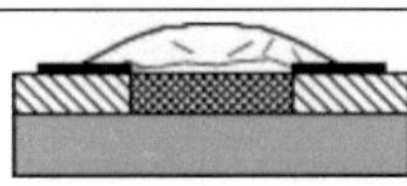	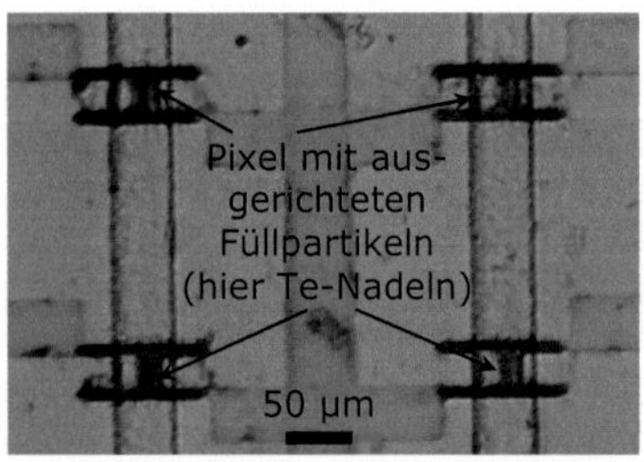
6. Strukturierung der sensitiven Schicht (Spin-Coating & UV-Lithografie)	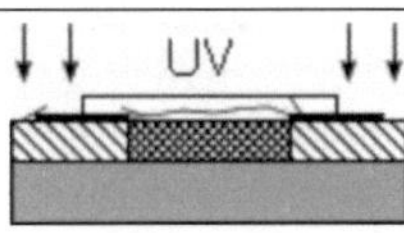	

7. Auflösen der Opferschicht in Hexan	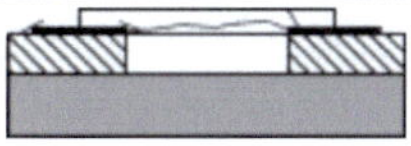	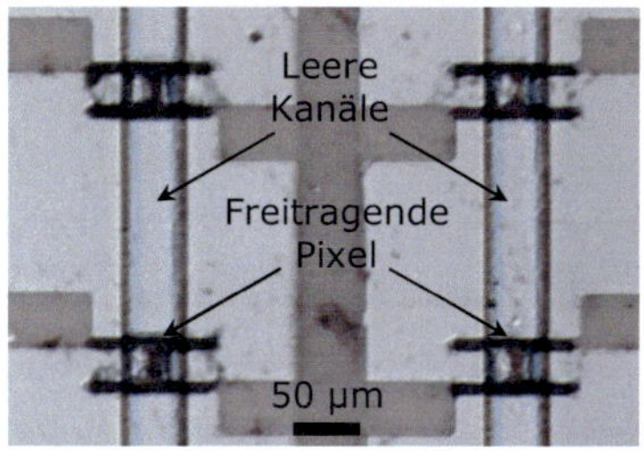

Substrat	Silikonstempel (PDMS)
Trägerschicht (photosensitives Polyimid)	Opferschicht (Paraffinwachs)
Elektroden (Au)	Sensitives Polymerkomposit

6.1 Strukturierung der Trägerschicht

Als Trägerschicht wird der fotostrukturierbare Negativresist Pyralin 2722 der Firma HD MicroSystems verwendet, welcher als polymere Hauptkomponente Polyimid enthält (siehe Abschnitt 2.2.2). Im Anschluss an deren fotolithografische Strukturierung (Abb. 6.1) wird die Trägerschicht bei einer Temperatur von 200°C ausgehärtet. Dabei erfolgt die thermische Vernetzung, wodurch die geforderte Stabilität gegenüber mechanischen, chemischen und thermischen Belastungen erzielt wird.

Abb. 6.1 Strukturierte Trägerschicht (grün) auf Substrat (grau) gemäß Prozessschritt 1 in Tabelle 6.1.

6.2 Strukturierung der Opferschicht durch MIMIC

Für die Strukturierung der Opferschicht wurde die MIMIC- (Micromolding in Capillaries-) Technik verwendet. Diese weist im Gegensatz zur konventionellen Fotolithografie folgende Vorteile auf:

- Fotolithografische Verfahren erfordern spezielle polymere Systeme mit UV-aktiven Komponenten und schränken somit die Anzahl möglicher Werkstoffe ein. Dies ist problematisch, da an die Opferschicht eine Vielzahl von Anforderungen gestellt wird, wie z.B. die Beständigkeit gegenüber Lösungsmitteln in den folgenden Prozessschritten und die Notwendigkeit der späteren Entfernung.
- Sollen Trägerschichtstrukturen aus den zuvor beschriebenen Gründen verwendet werden (siehe Abschnitt 4.2), ergeben sich daraus folgende Probleme:
    - Die Erzeugung der Opferschicht mittels eines Fotoresistes (typischerweise durch Spin-Coating) führt auf einem strukturierten Untergrund zu einer inhomogenen Beschichtung.
    - Die fotolithografische Strukturierung der Opferschicht muss präzise zu den bereits vorhandenen (Trägerschicht-) Strukturen erfolgen. Dies ist technologisch äußerst aufwendig, da bereits kleinste Fehler zu Defekten in den anschließend aufzutragenden sensitiven Bereichen führen.

Aus der Vielzahl an nicht-fotolithografischen Strukturierungsverfahren ist die MIMIC-Technik besonders gut geeignet [102]. Zum einen können die gewünschten Strukturen mit geringem Aufwand in den hier geforderten Abmessungen erzeugt werden [103], zum anderen entstehen keine Restschichten in den angrenzenden Bereichen, wie es bei anderen Verfahren (z.B. Nanoprägelithografie) der Fall ist [102].

Die Strukturübertragung erfolgt bei der MIMIC-Technik dadurch, dass ein ungefülltes Kanalnetzwerk durch ein flüssiges Polymer aufgefüllt und anschließend verfestigt wird (Abb. 6.2).

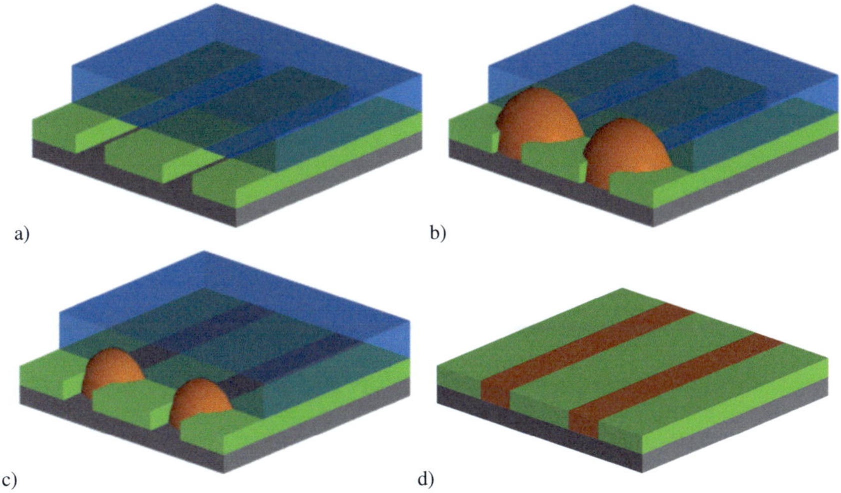

Abb. 6.2 Opferschichtstrukturierung mittels MIMIC; gemäß Prozessschritt 2 in Tabelle 6.1: (a) Abdecken der durch die Trägerschicht definierten Kanalstrukturen mit einem planaren Stempel aus Polydimethylsiloxan (PDMS) (blau); (b) Beschichten der offenen Kanalenden mit festem Paraffinwachs (orange) bei Raumtemperatur; (c) Aufschmelzen des Paraffins, welches infolge von Kapillarkräften die Kanäle vollständig auffüllt; (d) Verfestigen des Paraffins durch Abkühlen des Werkstückes und Entfernen des PDMS-Stempels.

Dieses Kanalnetzwerk kann bei einer vorstrukturierten Oberfläche mit einem planaren Stempel oder bei einer planaren Oberfläche mit einem strukturierten Stempel realisiert werden (Abb. 6.3). Da als Stempelmaterial zumeist ein flexibles Elastomer verwendet wird, gehört die MIMIC-Technik zur Gruppe der softlithografischen Verfahren. In dieser Arbeit wird das thermisch aushärtbare zwei-komponentige Sylgard 184 der Firma Dow Corning verwendet, welches als Hauptbestandteil das Silikon Polydimethylsiloxan (PDMS) enthält.

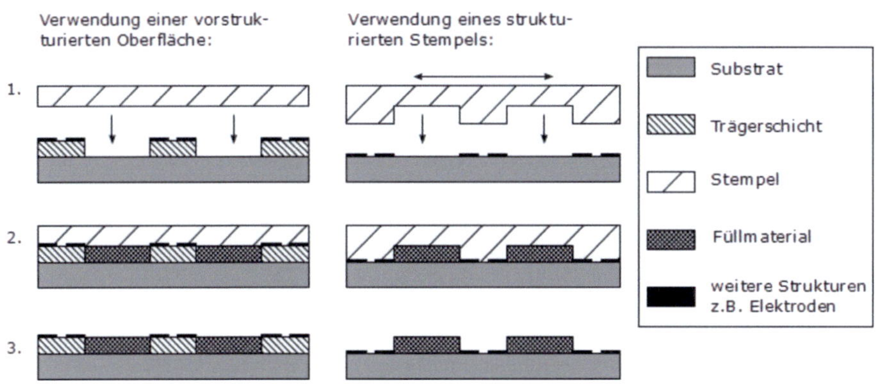

Abb. 6.3 Vergleich möglicher MIMIC-Varianten; (1) laterale Positionierung und Kontaktierung des Stempels und der Oberfläche, (2) Füllen der Kanäle und (3) resultierende Strukturen.

Die für die zweite Variante (Abb. 6.3) benötigten Stempel mit strukturierter Oberfläche lassen sich problemlos durch Abformung von einer Masterstruktur herstellen [104]. Technologisch aufwendig bei dieser Variante ist die notwendige relative Positionierung des Stempels zu bereits vorhandenen Strukturen mit den geforderten Genauigkeiten im Bereich weniger Mikrometer. Dieser Positionierschritt entfällt bei der ersten Variante, welche in dieser Arbeit genutzt wird, da der Stempel selbst unstrukturiert ist und somit nahezu beliebig auf die vorstrukturierte Oberfläche aufgesetzt werden kann.

Der eigentliche Strukturierungsvorgang kann erfolgen, indem ein polymeres System mit genügend niedriger Viskosität in Kontakt mit einer Öffnung des Kanalnetzwerkes gebracht wird. Infolge von Kapillarkräften erfolgt eine spontane Füllung des Netzwerkes, wenn dessen Kontaktwinkel zu den Kanalwänden kleiner als 90° ist (Abb. 6.4). Die zugehörige Füllgeschwindigkeit v_K lässt sich durch den Zusammenhang [105]

$$v_K \approx \frac{R_h \sigma_L \cos\theta}{4\eta z_K} \tag{6.1}$$

abschätzen, wobei R_h der hydraulische Radius, σ_L die Oberflächenspannung der Flüssigkeit, θ der Kontaktwinkel zwischen Flüssigkeit und festem Untergrund, η die (dynamische) Viskosität und z_K die Länge des bereits gefüllten Kanals ist. Diese Gleichung gilt, wenn das Volumen des Flüssigkeitsreservoirs am Eingang des Kanals sehr viel größer als das Kapillarvolumen ist und alle Kanalwände identische Oberflächenspannungen aufweisen. Unterscheiden sich diese, müssen die Anteile der einzelnen Kontaktwinkel, gewichtet nach ihrem geometrischen Anteil, gemittelt werden [106].

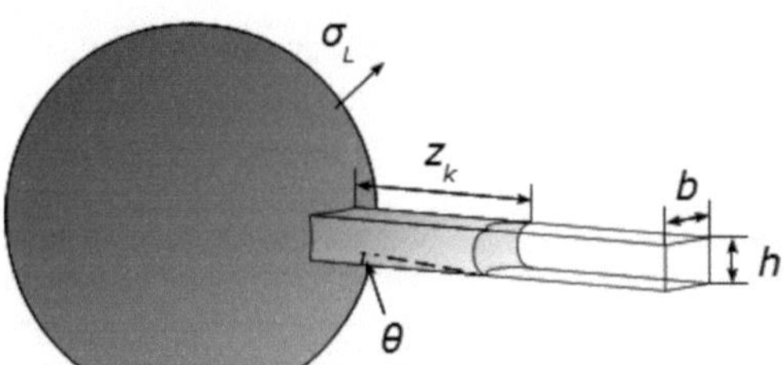

Abb. 6.4 Zusammenhänge beim Flüssigkeitstransport aus einem Flüssigkeitsreservoir in eine Kapillare.

Der hydraulische Radius R_h entspricht dem Verhältnis aus Querschnitt und Umfang eines Kanals, so dass für einen Kanal der Breite b und der Höhe h gilt:

$$R_h = \frac{bh}{2(b+h)}. \tag{6.2}$$

Sind die Geometrie und die materielle Zusammensetzung der Kanalstruktur gegeben, lässt sich die Füllgeschwindigkeit ausschließlich durch die in Gleichung (6.1) aufgeführten Parameter des flüssigen Füllmaterials beeinflussen. Für die Untersuchungen wurde das Paraffinwachs „Paraffin wax mp 70-80°C“ verwendet, welches entsprechend seiner Bezeichnung einen Schmelzbereich von (70...80)°C hat. Im geschmolzenen Zustand haben Paraffinwachse aufgrund ihrer kurzen Kettenlänge im Vergleich zu anderen Polymerschmelzen eine geringe Viskosität. Außerdem sind die Oberflächenspannung und die Kontaktwinkel auf den relevanten Oberflächen Glas, Polyimid und PDMS durch die regelmäßige C-H Kettenstruktur vergleichsweise gering (Tabelle 6.2).

Tabelle 6.2 Für die MIMIC-Technik relevante Materialparameter des verwendeten Paraffinwaxes „Paraffin wax mp 70-80°C“.

Parameter		Wert	Ref. bzw. Messung
Viskosität η der Schmelze (100°C) [Pa s]		0,095	Kugelfallviskosimeter (eigener Aufbau)
Oberflächenspannung σ_L [mN/m]		31,5	[107]
Kontaktwinkel auf	Glas	45,3° ± 1,7°	Kontaktwinkelmessgerät OCA 20 (dataphysics)
	Polyimid	22,3° ± 1,6°	
	PDMS	56,3° ± 1,8°	

Aus Gleichung (6.1) lassen sich die Füllzeiten des Kanalnetzwerkes t_K herleiten:

$$t_K\left(z_K\right)=\frac{2\eta z_K^2}{R_h\sigma_L\cos\theta}=\frac{z_K}{2v_K\left(z_K\right)} \tag{6.3}$$

Somit ergeben sich für die gegebenen Parameter und Kanallängen im Millimeterbereich Werte von einigen Sekunden bis Minuten (Abb. 6.5).

Zu beachten ist, dass Paraffine im Allgemeinen einen verhältnismäßig großen Volumenschwund von (10...30) % beim Phasenübergang vom flüssigen in den festen Zustand aufweisen [108]. Für das in dieser Arbeit verwendete Paraffin „Paraffin wax mp 70-80°C“ liegt dieser Wert bei 20 % (Volumendifferenzmessung). Die mittels der MIMIC-Technik strukturierten Paraffinschichen zeigen ein ähnliches Verhalten, wie es das charakteristische Höhenprofil in Abb. 6.6 darstellt (gemessen mit Oberflächenprofilometer Dektak-3ST der Firma VEECO).

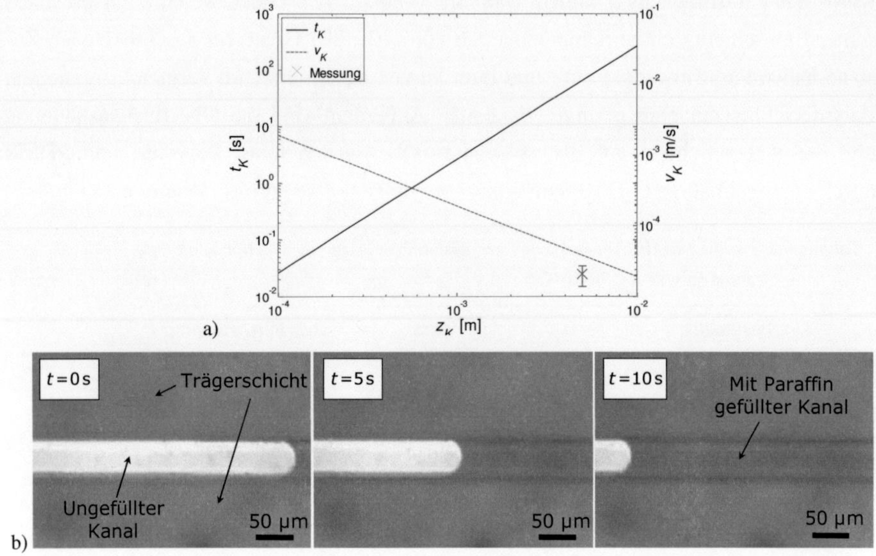

Abb. 6.5 (a) Abhängigkeit der Fülldauer t_K und der Füllgeschwindigkeit v_K von der Kanaltiefe z_K nach den Gleichungen (6.1) bis (6.3) bei einer Kanalbreite von 50 µm und einer Kanalhöhe von 4 µm für das geschmolzene Paraffin bei 100°C (Parameter aus Tabelle 6.2) verglichen mit Wertepaar $v_K\,(z_K)$ aus optischer Messung, resultierend aus: (b) mikroskopischen Aufnahmen eines realen Füllvorganges mit gleichen Parametern bei einer Kanaltiefe $z_K \approx 5$ mm; $v_K \approx 25$ µm/s.

Berücksichtigt werden muss der Volumenschwund bei der Dimensionierung der Kanalhöhe und damit bei der Schichtdicke des Trägermaterials. Die seitlichen Überhöhungen der Kanalwände (ca. 300 nm) resultieren aus dem fotolithografischen Prozess des Polyimides.

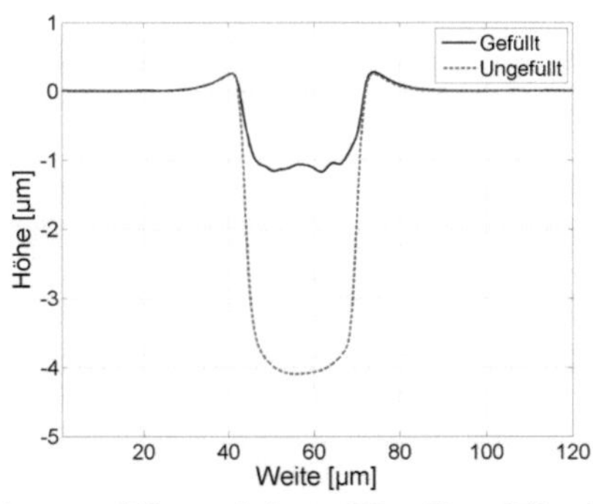

Abb. 6.6 Höhenprofil einer ungefüllten und einer mit Paraffin gefüllten Kanalstruktur in einer Polyimid-Trägerschicht. Die Höhendifferenz zwischen Trägerschicht- und Paraffinniveau resultiert aus dem Volumenschwund des Paraffins während des Erstarrens (in dieser Messung ca. 25 %). Die Geometrie der Messspitze (Durchmesser 2,5 µm, Öffnungswinkel 60°) bewirkt Verrundungen bei steilen Flanken.

Neben der Strukturierbarkeit mittels der MIMIC-Technik werden an das Opferschichtmaterial Anforderungen gestellt, die aus den weiteren Prozessschritten resultieren. Es muss einerseits in den im weiteren technologischen Verlauf verwendeten Lösungsmitteln unlöslich sein. Andererseits muss es mit einem Lösungsmittel, welches die sonstigen polymeren Strukturen nicht angreift, wieder entfernt werden können. Da Paraffin aufgrund seiner chemischen Struktur einen geringen Interaktionsradius von 4,1 $MPa^{1/2}$ hat [109], kann es nur durch Alkane und wenige andere Lösungsmittel gelöst werden. Somit ist es im Allgemeinen ein günstiges Opferschichtmaterial, da es die Materialauswahl der Folgeprozesse kaum einschränkt. In Abb. 6.7 werden die Hansen-Löslichkeitsparameter des verwendeten Paraffins mit seinem Interaktionsradius grafisch mit denen in den weiteren Prozessschritten verwendeten Lösungsmitteln verglichen (siehe Abschnitt 2.2.2). Es zeigt sich, dass letztere weit außerhalb des Interaktionsradius liegen und somit zu erwarten ist, dass die Paraffinschicht nicht gelöst wird und damit stabil bleibt.

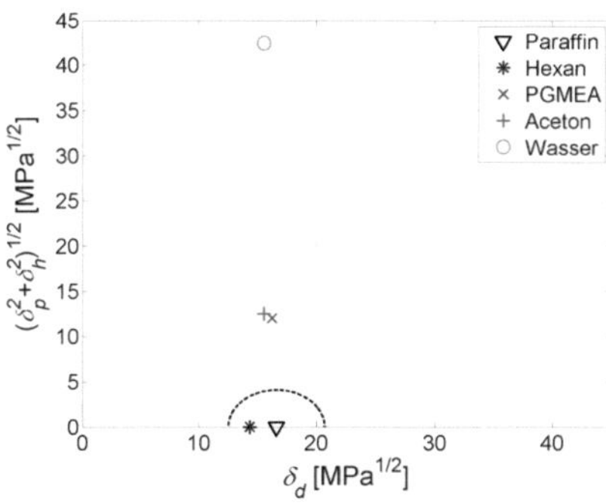

Abb. 6.7 Hansen-Löslichkeitsparameter und Interaktionsbereich (gestrichelter Halbkreis) des Opferschichtmaterials Paraffin; Hansen-Löslichkeitsparameter der im weiteren Verlauf des Herstellungsprozesses verwendeten Lösungsmittel (PGMEA, Aceton und Wasser) sowie Hexan zum abschließenden Herauslösen des Paraffins; vereinfachte zweidimensionale Darstellung durch Verwendung der Wechselwirkungen δ_d (dispersiv) gegenüber der quadratischen Überlagerung von δ_p (polar) und δ_h (Wasserstoffbrückenbindungen); PGMEA Propylenglykolmonomethylethylacetat; Daten aus [110, 111].

6.3 Strukturierung der Elektroden

Zur elektrischen Kontaktierung der einzelnen Pixel werden metallische Elektroden thermisch aufgedampft. Sie bestehen aus 5 nm Nickel-Chrom (Haftvermittler) und 5 nm Gold (eigentliche Elektrode) und werden durch einen Standard-Lift-Off-Prozess strukturiert (Abb. 6.8). Die verwendete Elektrodenstruktur verläuft unter anderem oberhalb der Opferschicht im Bereich der Kontaktarme des freitragenden Pixels. Diese Ausführung vergrößert zwar den thermischen Leitwert der Kontaktbereiche, verbessert jedoch ebenfalls die mechanische Stabilität der Pixel.

Abb. 6.8 Strukturierte Elektroden (gelb) gemäß Prozessschritt 3 in Tabelle 6.1.

Für den Lift-Off-Prozess wird der speziell angepasste Negativ-Fotoresist ma-N 1400 der Firma Micro Resist Technology verwendet. Die besondere Eignung des Fotoresistes resultiert aus seiner Fähigkeit, negative, also überhängende, Lackkanten auszubilden. Dies ergibt sich aus einem hohen Absorptionskoeffizienten im UV-Bereich, welcher während des Belichtungsschrittes zu einem in der Tiefe abfallenden Gradienten der Vernetzungsdichte führt. Der daraus resultierende Anstieg der Entwicklungsrate in der Tiefe bewirkt die Ausbildung der negativen Lackkanten (Abb. 6.9) [112].

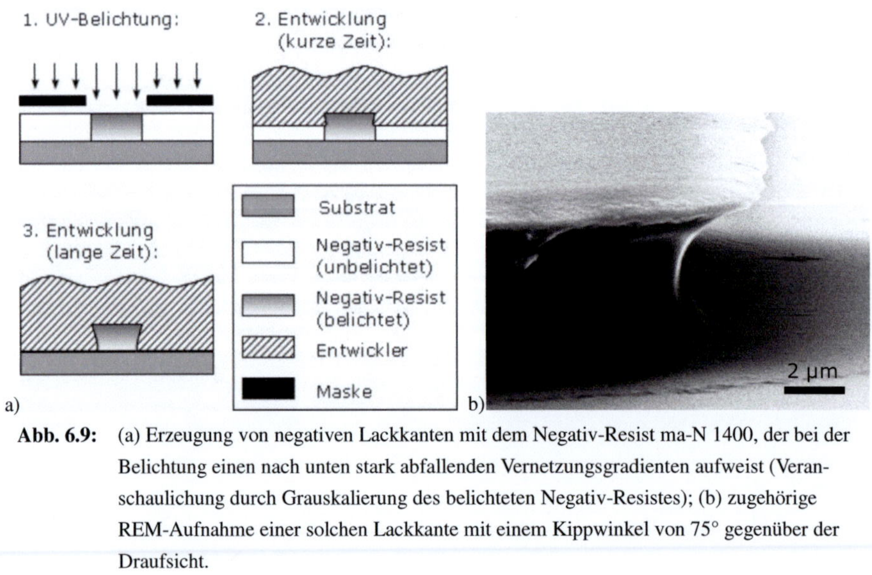

Abb. 6.9: (a) Erzeugung von negativen Lackkanten mit dem Negativ-Resist ma-N 1400, der bei der Belichtung einen nach unten stark abfallenden Vernetzungsgradienten aufweist (Veranschaulichung durch Grauskalierung des belichteten Negativ-Resistes); (b) zugehörige REM-Aufnahme einer solchen Lackkante mit einem Kippwinkel von 75° gegenüber der Draufsicht.

Die negative Lackkante verhindert während der Metallbedampfung die Ausbildung einer kontinuierlichen Schicht und vereinfacht somit den eigentlichen Lift-Off-Prozess, welcher durch das Auflösen des strukturierten Fotoresistes erfolgt (siehe Abb. 6.10). Somit können auch sehr feine Elektroden mit Breiten im Bereich weniger Mikrometer problemlos erzeugt werden.

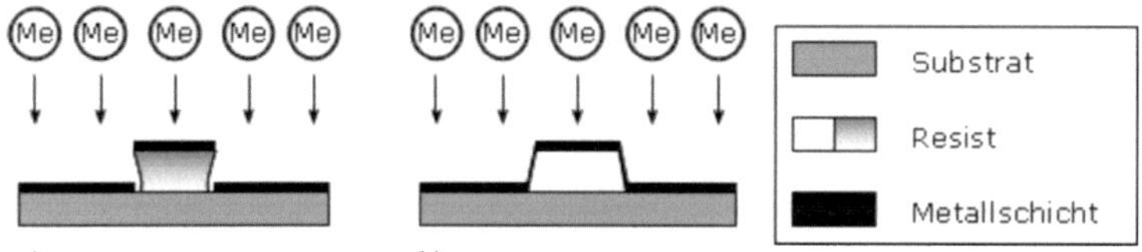

Abb. 6.10 Gerichtete Bedampfung einer Metallschicht auf (a) einer negativen Lackkante (einzelne Metallbereiche voneinander getrennt) und (b) einer positiven Lackkante (kontinuierliche Metallschicht); Me verdampfte Metallatome bzw. -partikel.

Polymere Elektroden, die beispielsweise aus intrinsisch leitfähigen Polymeren bestehen und durch verschiedene Stempel- oder Drucktechniken strukturierbar sind [113, 114], werden nicht verwendet. Gründe dafür sind die größeren spezifischen Widerstände, eine problematische Langzeitstabilität und höhere zu erwartende Rauschpegel solcher polymeren Elektroden.

Sollen Mikrobolometer mit einer größeren Pixelanzahl als die in dieser Arbeit demonstrierten 2x2-Arrays erzeugt werden, muss die elektrische Kontaktierung in zwei voneinander getrennten Ebenen erfolgen. In diesem Fall würde sich die Polyimid-Trägerschicht als isolierendes Medium zwischen den einzelnen Elektrodenebenen eignen. Die notwendigen Durchkontaktierungen zwischen den Elektrodenebenen können parallel zum eigentlichen fotolithografischen Strukturierungsprozess der Trägerschicht erfolgen. Aufgrund der positiven Kontaktwinkel der Polyimid-Trägerschichtflanken (Abb. 6.6) kann die elektrische Verbindung der beiden Ebenen ebenfalls durch eine gerichtete thermische Verdampfung erfolgen. Ein möglicher Prozessablauf für die Erzeugung von zwei getrennten Elektrodenebenen wird in Abb. 6.11 präsentiert.

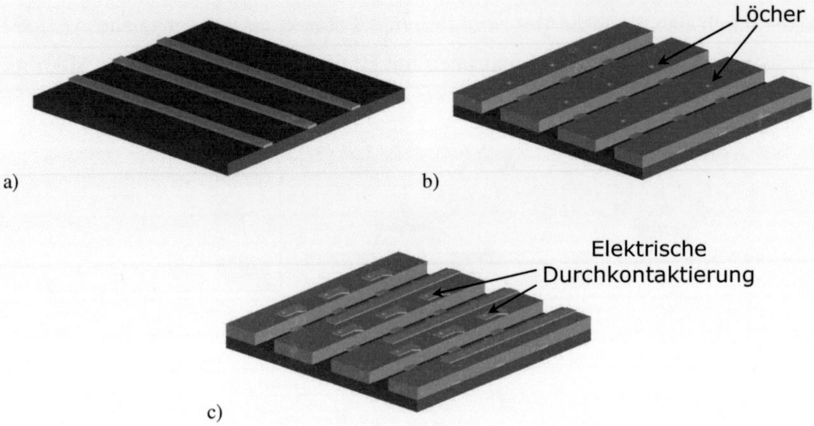

Abb. 6.11 Schematische Darstellung einer möglichen elektrischen Kontaktierung von Mikrobolometer-Arrays mit zwei Elektrodenebenen, welche für große Pixelzahlen benötigt werden: Erzeugung (a) der 1. Elektrodenebene, (b) der elektrisch isolierenden Trägerschicht mit Löchern zur Durchkontaktierung der Elektrodenebenen und (c) der 2. Elektrodenebene.

6.4 Erzeugung der freitragenden sensitiven Pixelstrukturen

Die abschließenden Prozessschritte bei der eigentlichen Herstellung der freitragenden Mikrobolometer-Pixel umfassen die dielektrophoretische Ausrichtung der Füllpartikel, Schichtbildung und Strukturierung sowie die abschließende Entfernung der Opferschicht (Abb. 6.12).

Die sensitive Polymerschicht wird zunächst großflächig als gelöstes Polymerkomposit (Suspension) auf die Oberfläche aufgetragen. Als gelöste Polymermatrix wird der in Abschnitt 2.2.2 beschriebene positive Fotoresist AZ 1514 verwendet, dessen polymere Hauptkomponente Novolak ist. Der Volumenfüllgrad der Füllpartikel beträgt in Relation zur polymeren Komponente des Resistes 0,1 %. Dieser Füllgrad liegt in einem Bereich, in dem sowohl die schicht- und strukturbildenden Prozesse (Spin-Coating und Fotolithografie) als auch die dielektrophoretische Ausrichtung der Partikel problemlos möglich sind.

Im nächsten Schritt werden die Füllpartikel durch dielektrophoretische Ausrichtung gezielt zwischen den Kontaktelektroden der einzelnen Pixel so angeordnet, dass sie elektrisch leitfähige Partikelketten ausbilden. Dieser Schritt kann parallel für das gesamte Mikrobolometer-Array erfolgen, indem jeweils sämtliche Elektroden der beiden Kontaktseiten gebrückt werden. Die praktische Partikelausrichtung erfolgt bei einer Anregungsfrequenz von 10 kHz, einer Spannung U_{Dep} = 15 V und einem auf die jeweiligen Füllpartikel abgestimmten Vorwiderstand. Die Ausbildung der Partikelketten lässt sich durch einen Anstieg von I_{Dep} verifizieren.

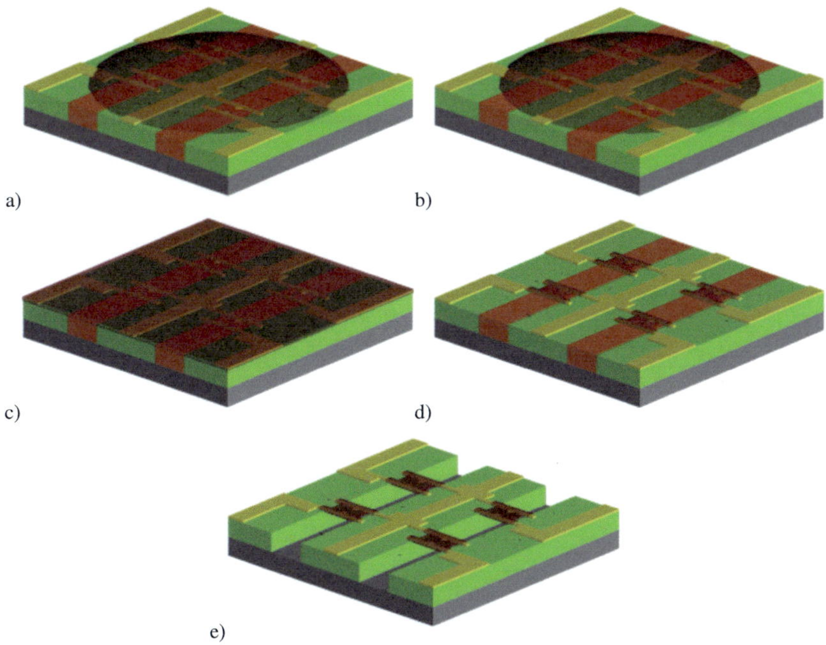

Abb. 6.12 Teilschritte zur Erzeugung der sensitiven Pixelelemente gemäß den Prozessschritten 4 bis 7 in Tabelle 6.1: (a) Auftragen der Polymersuspension, bestehend aus gelöstem Fotoresist (braun) und homogen verteilten Füllpartikeln (schwarz), (b) Ausrichtung der Partikel mittels Dielektrophorese, (c) Spin-Coating zur Einstellung der gewünschten Schichtdicke, (d) UV-lithografischer Prozess zur lateralen Strukturierung und (e) Herauslösen der Opferschicht.

Der Joule'sche Wärmeeintrag in die Suspension lässt sich gemäß Gleichung (2.72) abschätzen. Lokale Temperaturänderungen liegen im Bereich von ΔT = 8,6 mK bei einer Leitfähigkeit von $\sigma = 3{,}8*10^{-6}$ S/m (Fotoresist AZ1514, eigene Messung), einer Wärmeleitfähigkeit von λ_{th} = 0,10 W/(m K) (Wert für PGMEA bei Raumtemperatur [71]) und einer Spannungsamplitude von $\hat{U}_{Dep} = \sqrt{2}*15$ V. Experimente in [49] haben gezeigt, dass die Strömungsprozesse des flüssigen Mediums erst bei Leitfähigkeiten größer als $4*10^{-3}$ S/m bzw. bei Temperaturdifferenzen größer als ca. 1 K einen nennenswerten Einfluss auf die Partikelbewegung haben. Sowohl die geometrische Anordnung als auch die verwendeten Spannungen in diesen Experimenten ähneln den o.g. Parametern.

Anschließend wird die Schichtdicke der sensitiven Schicht durch Spin-Coating eingestellt. Dabei bleiben die Partikelketten intakt, da sich deren elektrische Eigenschaften typischerweise nicht ändern. Demzufolge sind die Adhäsionskräfte zwischen den Partikeln und dem Untergrund größer als die während der Rotation wirkenden Fliehkräfte. Gegebenenfalls kann an dieser Stelle eine zweite dielektrophoretische Ausrichtung durchgeführt werden, um geringfügige Bewegungen der Partikel zu kompensieren. Möglich ist eine solche zweite Ausrichtung, da das Lösungsmittel PGMEA bei Raumtemperatur über einen vergleichsweise niedrigen Dampfdruck von 420 Pa verfügt [71]. Es verdampft während des Spin-Coatings nicht vollständig, weshalb der Fotoresist viskose Eigenschaften behält.

Die Strukturierung der sensitiven Pixelbereiche erfolgt direkt durch UV-Lithografie. Als vorteilhaft erweist sich in diesem Prozessschritt die Verwendung eines Positiv-Resistes, da somit die Bereiche außerhalb der Pixel belichtet werden. Diese haben einen äußerst geringen Füllpartikelanteil, der ungefähr der ursprünglichen Suspension entspricht und somit kaum die Strukturübertragung beeinflusst. Bei der Verwendung eines Negativ-Resistes müssten die Pixel selbst belichtet werden, welche durch die Ausrichtung der Partikel lokal wesentlich größere Füllanteile aufweisen.

Im Anschluss an die lithografische Strukturierung der Pixel werden diese bei 150°C getempert. Dies bewirkt die in Abschnitt 4.3.1 beschriebene thermische Quervernetzung des Novolakes, welche zu der erwünschten Verbesserung der chemischen und mechanischen Stabilität führt.

Das Herauslösen der Opferschicht erfolgt durch das Lösungsmittel Hexan bei einer Temperatur von 60°C. Dieser Schritt bewirkt keine Änderung der elektrischen Eigenschaften der Mikrobolometer-Arrays.

Die Abschätzung der mechanischen Stabilität eines einzelnen Mikrobolometer-Pixels erfolgt durch Messungen der Oberflächenprofile mit variierenden Andruckgewichten (siehe Abb. 6.13). Aus Gründen der möglichen Positionierbarkeit erfolgt diese Messung auf einer vergleichbaren Brückenstruktur mit konstanter Breite. Mit steigendem Andruckgewicht vergrößert sich die Durchbiegung der Brückenstruktur. Diese entspricht bei einem Andruckgewicht von 30 mg der Dicke der Paraffin-Opferschicht von 3 μm (Abb. 6.6), so dass eine vollständige Kompression der freitragenden Brückenstruktur angenommen werden kann.

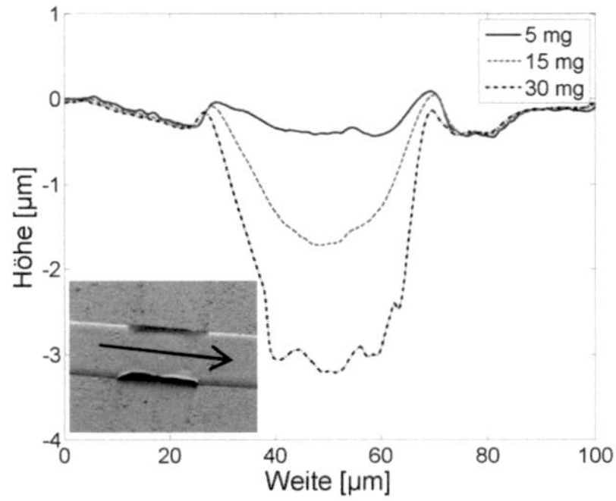

Abb. 6.13 Oberflächenprofile in Abhängigkeit vom Andruckgewicht auf einer 2 µm dicken freitragenden Schicht des ungefüllten Matrixpolymers (thermisch vernetzter Fotoresist AZ 1514).

7 Charakterisierung der Sensoreigenschaften

Mikroskopische Aufnahmen der hergestellten 2x2-Mikrobolometer-Arrays mit den dielektophoretisch ausgerichteten Füllstoffen Tellurnadeln, Vanadiumdioxid- und Silberpartikeln werden in Abb. 7.1 gezeigt. Sie verifizieren, dass der technologische Prozess sowohl reproduzierbar ist als auch unabhängig vom verwendeten Füllmaterial zu vergleichbaren Ergebnissen führt. Die quadratische Pixelfläche entspricht annähernd den auf der Maske vorgegebenen Abmessungen von 40*40 μm^2.

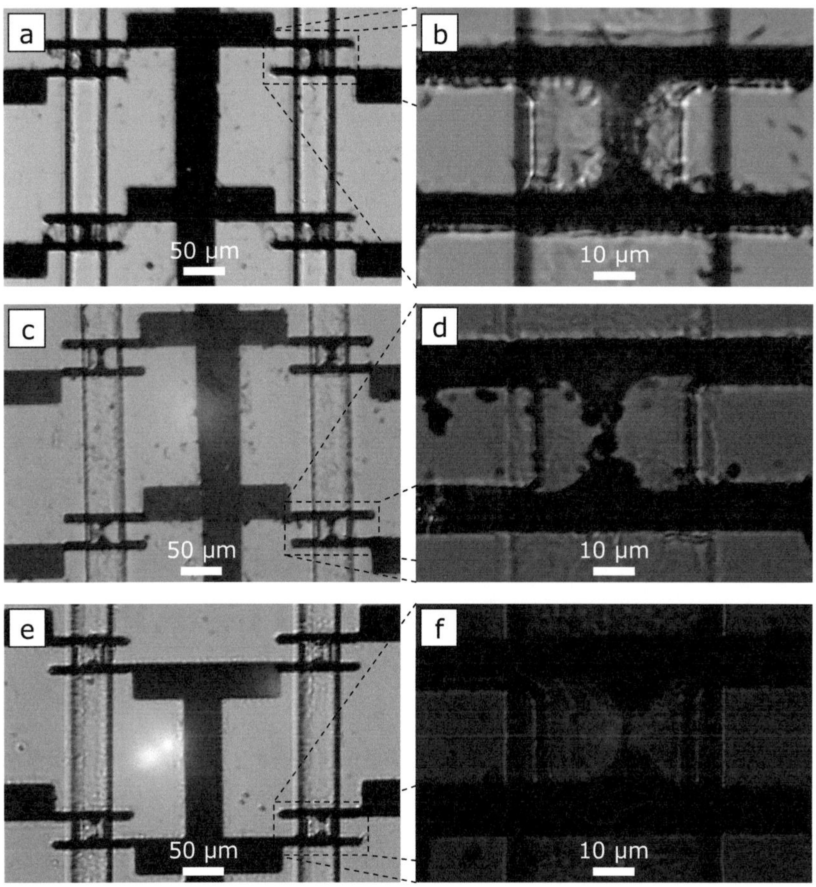

Abb. 7.1 Mikroskopische Aufnahmen der realisierten Pixelstrukturen mit (a), (b) Tellurnadeln, (c), (d) VO_2-Partikeln und (e), (f) Silberpartikeln im Polymerkomposit; jeweils Darstellung (a), (c), (e) des 2x2-Arrays und (b), (d), (f) eines vergrößerten, einzelnen Pixels.

Darüber hinaus sind in Abb. 7.2 gekippte REM-Aufnahmen des Mikrobolometer-Arrays mit Silberpartikeln dargestellt. In der Darstellung der gekippten Proben ist zu erkennen, dass mit dieser Technologie stabile, freitragende Pixelstrukturen erzeugt werden können. Die Rauheit der Kontaktarme wird durch Beugungseffekte beim fotolithografischen Prozess verursacht.

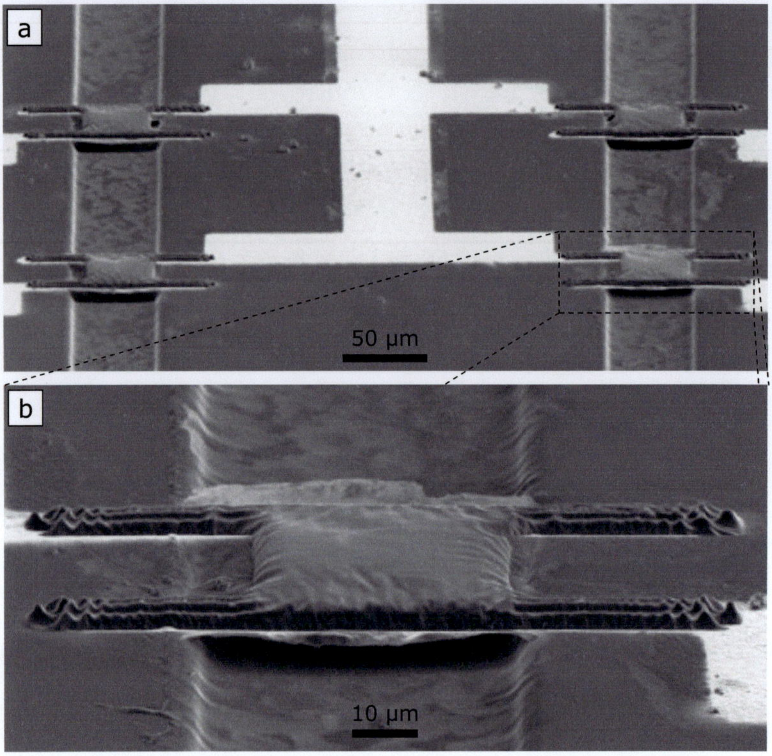

Abb. 7.2 REM-Aufnahmen der realisierten Pixelstrukturen mit Silberpartikeln als Füllstoff mit einem Kippwinkel von 75° gegenüber der Draufsicht; Darstellung (a) des 2x2-Arrays und (b) eines vergrößerten, einzelnen Pixels.

Die Charakteristik der Oberflächentopografie wird am Beispiel einer Pixelstruktur mit ausgerichteten Tellurnadeln untersucht (Abb. 7.3). Das Pixel hat die gewünschte Schichtdicke von 2 µm und verläuft oberhalb der Grabenstruktur ohne eine signifikante Durchbiegung. Die Grabentiefe beträgt ca. 4,5 µm.

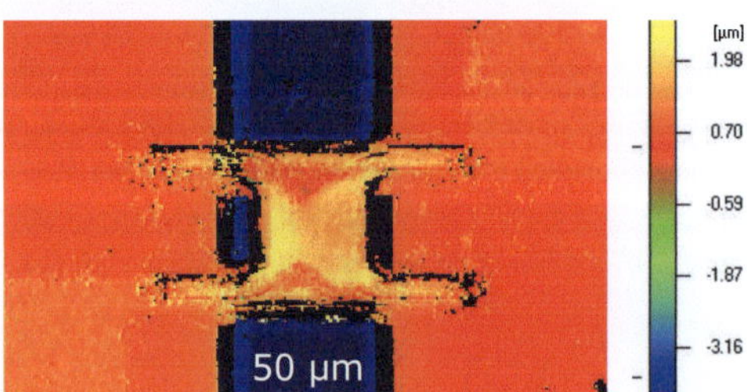

Abb. 7.3 Konfokale Messung der Oberflächentopografie einer Pixelstruktur mit ausgerichteten Tellurnadeln.

Die relevanten thermischen Parameter der in Abb. 7.1 gezeigten Mikrobolometer-Arrays sind der thermische Leitwert G_{th} zwischen dem sensitiven Bereich und der angrenzenden Trägerschicht und die Wärmekapazität C_{th} des sensitiven Bereiches. Diese Werte lassen sich aus den Abmessungen und den entsprechenden Materialparametern abschätzen (Tabelle 7.1).

Tabelle 7.1 Berechnung der thermischen Parameter G_{th} und C_{th} nach den Gleichungen (2.7) und (2.8) für die Mikrobolometer-Pixel aus Abb. 7.1. Die NiCr-Haftvermittlerschicht (d_S = 5 nm) wurde vernachlässigt, da deren Einfluss gegenüber der Goldschicht als gering angenommen werden kann. Geometrische Werte aus Abb. 7.1 abgeschätzt; Abweichung gegenüber Maskenentwurf ($l_K = b_K$ = 5 µm) aufgrund von Fehlern im lithografischen Strukturübertragungsprozess.

Komponente	Polymermatrix	Goldschicht	Schichtsystem
Spezifische Wärmekapazität c_{th} [J/ (kg K)]	1670 [115]	128 [116]	
Wärmeleitfähigkeit λ_{th} [W/(m K)]	0,20 [117]	48,3 [1] [118]	
Dichte ρ [g/cm^3]	1,14 [119]	19,3 [116]	
Länge Kontaktarme l_K [µm]	7,5	7,5	
Breite Kontaktarme b_K [µm]	7,5	7,5	
Schichtdicke d_S [µm]	2	0,005	
Pixelfläche A_P [µm^2]	40*40	40*40	
Thermischer Leitwert G_{th} [W/K]	2,7*10^{-6}	1,9*10^{-6}	4,6*10^{-6}
Wärmekapazität C_{th} [J/K]	6,1*10^{-9}	7,4*10^{-12}	6,1*10^{-9}

[1] Wert resultiert aus dem empirischen Modell von Qiu für eine aufgedampfte Goldschicht mit einer Schichtdicke von 5 nm; Volumenmaterial: $\lambda_{th,Gold}$ = 317 W/(m K) [118].

Aus den berechneten thermischen Parametern des Schichtsystems in Tabelle 7.1 ergibt sich eine thermische Zeitkonstante τ_{th} = 1,3 ms.

Die Empfindlichkeiten R_V der hergestellten Mikrobolometer-Arrays sind in Tabelle 7.2 nach Gleichung (2.12) berechnet. Hierfür wurden die praktisch ermittelten elektrischen Parameter, Bolometerwiderstand R_B, Temperaturkoeffizient α_R des Widerstandes und Bolometerspannung U_B, und die zuvor theoretisch abgeschätzten thermischen Parameter verwendet. Die in Tabelle 7.2 ermittelten Empfindlichkeiten R_V der mit den halbleitenden Füllstoffen Tellur und Vanadiumdioxid gefüllten sensitiven Komposite liegen um ca. zwei Größenordnungen über der Empfindlichkeit des sensitiven Silberkomposites. Dieser Unterschied resultiert aus den betragsmäßig geringeren Temperaturkoeffizienten α_R des Widerstandes und der niedrigeren Bolometerspannung U_B.

Tabelle 7.2 Berechnung der Empfindlichkeiten R_V der in Abb. 7.1 gezeigten Mikrobolometer-Arrays; angenommener Absorptionskoeffizient $\alpha = 1$.

Füllmaterial	Te-Nadeln	VO_2-Partikel	Ag-Partikel
Bolometerwiderstand R_B (293 K) [Ω] [1]	$7{,}5 \pm 1{,}6*10^6$	$28 \pm 10*10^7$	820 ± 200
Temperaturkoeffizient α_R des Widerstandes (293 K) [%/K] [1]	$-1{,}4 \pm 0{,}1$	$-3{,}9 \pm 0{,}1$	$0{,}51 \pm 0{,}02$
Bolometerspannung U_B [V]	9	9	0,5
Thermischer Leitwert G_{th} [W/K]	$4{,}6*10^{-6}$	$4{,}6*10^{-6}$	$4{,}6*10^{-6}$
Wärmekapazität C_{th} [J/K]	$6{,}1*10^{-9}$	$6{,}1*10^{-9}$	$6{,}1*10^{-9}$
Thermische Zeitkonstante τ_{th} [s]	$1{,}3*10^{-3}$	$1{,}3*10^{-3}$	$1{,}3*10^{-3}$
Empfindlichkeit $R_V(f = 50\text{ Hz})$ [V/W]	$2{,}5*10^4$	$7{,}6*10^4$	$4{,}8*10^2$

[1] gemessene Werte; statistische Angaben beziehen sich auf die vier Pixel des jeweiligen Arrays.

Die Rauscheinflüsse werden in Tabelle 7.3 (elektrisches Rauschen) und in Tabelle 7.4 (Temperaturfluktuations- und Strahlungsrauschen) angegeben. Die resultierende Rauschspannung $\tilde{u}_{R,T,S}$ durch Temperaturfluktuations- und Strahlungsrauschen ist bei allen Kompositen um mindestens zwei Größenordnungen geringer als die elektrische Rauschspannung $\tilde{u}_{R,el}$ und kann somit vernachlässigt werden.

Tabelle 7.3 Gemessene spektrale Rauschspannung $\tilde{u}_{Rn,el}$ und durch Integration gemäß Gleichung (2.26) berechnete elektrische Rauschspannung $\tilde{u}_{R,el}$; Integrationsgrenzen: $f_1 = 1/(4*60\text{ min})$ und $f_2 = 7{,}8$ kHz (Werte aus [3]). Es wurde ausschließlich $1/f$-Rauschen angenommen.

Füllmaterial	Te-Nadeln	VO_2-Partikel	Ag-Partikel
Bolometerspannung U_B [V]	9	9	0,5
Spektrale Rauschspannung ($f = 50$ Hz) $\tilde{u}_{Rn,el}$ [V Hz$^{-1/2}$]	$1{,}7*10^{-3}$	$8{,}1*10^{-5}$	$8{,}5*10^{-8}$
Rauschspannung $\tilde{u}_{R,el}$ [V]	$5{,}1*10^{-2}$	$2{,}4*10^{-3}$	$2{,}6*10^{-6}$

Tabelle 7.4 Temperaturfluktuations- und Strahlungsrauschen, berechnet mit den Gleichungen (2.32) und (2.34) für die in Abb. 7.1 gezeigten Mikrobolometer-Arrays; Rauschbandbreite $\Delta f_{th} = 1 / (4\tau_{th})$ gemäß Gleichung (2.35); Pixeltemperatur $T_P = 293$ K, Pixelfläche $A_P = 40*40\ \mu m^2$, angenommener Emissionskoeffizient $\varepsilon = 1$; weitere Parameter (G_{th}, A_P, R_V und τ_{th}) aus den Tabellen 7.1 und 7.2.

Füllmaterial	**Te-Nadeln**	**VO_2-Partikel**	**Ag-Partikel**
Spektrales Temperaturfluktuationrauschen $\tilde{\Phi}_{Rn,T}$ [W $Hz^{-1/2}$]	$4,7*10^{-12}$	$4,7*10^{-12}$	$4,7*10^{-12}$
Spektrales Strahlungsflussrauschen $\tilde{\Phi}_{Rn,S}$ [W $Hz^{-1/2}$]	$1,0*10^{-13}$	$1,0*10^{-13}$	$1,0*10^{-13}$
Spektrale Rauschspannung $\tilde{u}_{Rn,T,S}$ (thermische Einflüsse) [V $Hz^{-1/2}$]	$1,2*10^{-7}$	$3,3*10^{-7}$	$2,1*10^{-9}$
Rauschspannung $\tilde{u}_{R,T,S}$ (thermische Einflüsse) [V]	$1,6*10^{-6}$	$4,5*10^{-6}$	$2,9*10^{-8}$

Die für die Anwendung relevanten Sensorkennwerte der hergestellten Mikrobolometer-Arrays sind in Tabelle 7.5 zusammengefasst. Das Verhältnis der einzelnen charakteristischen Sensorkenngrößen resultiert bei gleichem geometrischen Aufbau eines Pixels aus den im Abschnitt 5.6 gezeigten elektrischen Eigenschaften der jeweiligen Polymerkomposite. Somit haben die Silberkomposite aufgrund ihres geringen Rauschverhaltens die größte spezifische Detektivität D^* und damit auch die geringste *NETD*. Die Mikrobolometer-Arrays mit den VO_2-Kompositen haben, bedingt durch den großen Temperaturkoeffizienten α_R des Widerstandes, die größte Empfindlichkeit R_V.

Tabelle 7.5 Vergleich der Sensorkennwerte der in dieser Arbeit realisierten 2x2-Mikrobolometer-Arrays mit den untersuchten Füllpartikeln; Berechnung der Eigenerwärmung ΔT_P eines Pixels nach Gleichung (2.14), der spezifischen Detektivität D^* nach Gleichung (2.18) und der *NETD* nach Gleichung (2.19) mit $I_M = 2,64$ W/(m^2K).

Füllmaterial	**Te-Nadeln**	**VO_2-Partikel**	**Ag-Partikel**
Bolometerwiderstand R_B(293 K) [Ω]	$7,5 \pm 1,6*10^6$	$28 \pm 10*10^7$	820 ± 200
Eigenerwärmung ΔT_P des Pixels bei kontinuierlicher Betriebsspannung U_B [K]	2,3 ($U_B = 9$ V)	0,62 ($U_B = 9$ V)	66 ($U_B = 0,5$ V)
Thermische Zeitkonstante τ_{th} [s]	$1,3*10^{-3}$	$1,3*10^{-3}$	$1,3*10^{-3}$
Empfindlichkeit $R_V(f = 50$ Hz) [V/W]	$2,5*10^4$	$7,6*10^4$	$4,8*10^2$
Spezifische Detektivität D^* ($f = 50$ Hz) [cm $Hz^{1/2}$/W]	$5,9*10^4$	$3,5*10^6$	$2,1*10^7$
NETD [K]	$2,4*10^3$	41	6,7

Die Sensorkennwerte eines Mikrobolometer-Pixels wurden exemplarisch für eine mit Silberpartikeln gefüllte Pixelstruktur vermessen (Abb. 7.4). Die Bestimmung der frequenzabhängigen Empfindlichkeit R_V erfolgte, indem die Spannungsantwort einer modulierten IR-Strahlungsquelle (DIAS Infrared Systems CS 500 mit Chopperrad) durch einen Lock-In-Verstärker (EG&G Instruments 7265 DSP) ermittelt wurde. Die Messung erfolgte in einer evakuierten Messkammer mit einem Umgebungsdruck kleiner als 10 Pa. Eine konstante Bolometerspannung von $U_B = 0{,}5$ V wurde über dem Mikrobolometer-Pixel angelegt. Diese führte trotz der verhätnismäßig großen berechneten Eigenerwärmung von 66 K (Tabelle 7.5) nicht zu einer Zerstörung des Pixels.

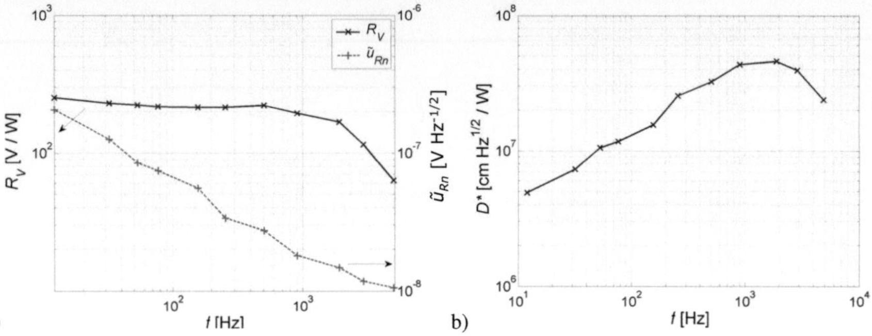

Abb. 7.4 (a) Gemessene Empfindlichkeit R_V und spektrales Spannungsrauschen $\tilde{u}_{Rn}$ und (b) daraus berechnete spezifische Detektivität D^* für ein Mikrobolometer-Pixel mit einer sensitiven Polymerschicht, welche dielektrophoretisch ausgerichtete Silberpartikel enthält; Bolometerspannung $U_B = 0{,}5$ V, Bolometerwiderstand $R_B = 820\ \Omega$.

Die ermittelte Empfindlichkeit ist für niedrige Frequenzen näherungsweise frequenzunabhängig mit einem Wert von ca. $R_V = 2{,}2*10^2$ V/W. Das charakteristische Tiefpassverhalten beginnt ab der Grenzfrequenz von ca. 1,5 kHz. Gemäß Gleichung (2.12) folgt daraus eine thermische Zeitkonstante von $\tau_{th} = 0{,}67$ ms. Die spezifische Detektivität D^* des vermessenen Pixels mit dem sensitiven Silberkomposit in Abb. 7.4b zeigt eine starke Frequenzabhängigkeit, welche von der $1/f$-Rauschcharakteristik und dem dynamischen Verhalten der Empfindlichkeit bestimmt wird.

Die gemessenen Sensorkennwerte liegen in einem vergleicharen Bereich wie die zuvor berechneten Sensorkennwerte (Tabelle 7.5). Die Abweichungen können u.a. auf folgende Ursachen zurückgeführt werden:

- Fehler bei der Berechnung der Wärmekapazität, da zum einen die Füllpartikel nicht betrachtet wurden und zum anderen die Volumenabnahme des Matrixpolymers AZ 1514 während der thermischen Vernetzung nicht berücksichtigt wurde (Abb. 4.5).
- Ungenauigkeiten bei der Abschätzung des thermischen Wärmeleitwertes. Hierbei können sowohl geometrische Einflüsse als auch die gewählten Materialparameter fehlerbehaftet sein. Beispielsweise ändert sich die verwendete Wärmeleitfähigkeit λ_{th} der Goldschicht von 48,3 W/(m K) aus dem empirischen Modell von Qiu sehr stark bei geringen Änderungen der Schichtdicke.

- In der theoretischen Betrachtung wird ein optimaler Absorptionskoeffizient $\alpha = 1$ angenommen. Die tatsächliche Absorption der einfallenden IR-Strahlung erfolgt bei den präsentierten Mikrobolometer-Arrays (Abb. 7.1) größtenteils in der polymeren Matrix der freitragenden Pixelstrukturen. Das infrarote Absorptionsspektrum im Wellenlängenbereich von (2…14) µm der ungefüllten Polymermatrix (thermisch vernetzter Fotoresist AZ 1514) ist in Abb. 7.5 gezeigt. Zusätzlich wird das Absorptionsverhalten eines unbeschichteten CaF_2-Substrates dargestellt, welches bei der Vermessung der Polymerschicht als Substrat verwendet wurde. Die Strahlungsabsorption des CaF_2-Substrat steigt ab ca. 9 µm an. Oberhalb von ca. 12 µm ist dessen Absorptionskoeffizient so groß, dass das relative Signal bei der Messung des Absorptionskoeffizienten α_{AZ1514} der Polymerschicht sehr klein wird und somit stark fehlerbehaftet ist. Für thermische IR-Detektoren ist vor allem der Wellenlängenbereich von $\lambda = (8 \ldots 14)$ µm relevant (siehe Abschnitt 2.1). Der Absorptionskoeffizient α_{AZ1514} der Polymerschicht liegt im Wellenlängenbereich von $\lambda = (8 \ldots 12)$ µm zwischen 15 und 25 %.

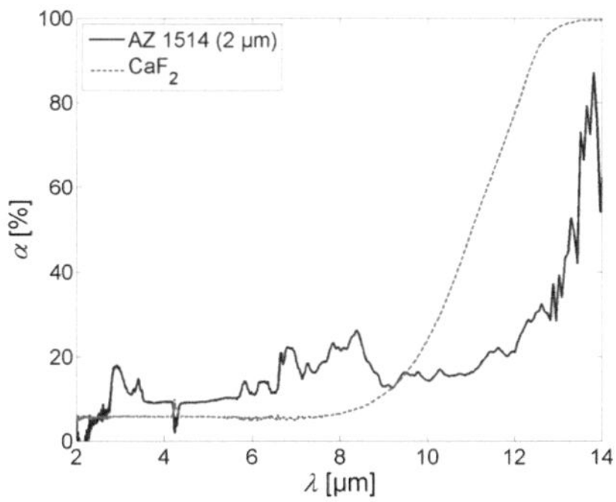

Abb. 7.5 Wellenlängenabhängige Absorption einer 2 µm dicken Schicht des ungefüllten Matrixpolymers (thermisch vernetzter Fotoresist AZ 1514) der realisierten Mikrobolometer-Pixel und des Referenzsubstrates CaF_2.

Zusätzliche Strahlungsabsorption ist durch die Füllpartikel zu erwarten. Dieser Anteil ist aufgrund der lokalen Füllstoffanreicherung durch die Partikelausrichtung schwer abzuschätzen. Darüber hinaus bewirken die metallischen Elektroden im Pixelbereich eine zusätzliche Strahlungsabsorption und -reflexion. Letztere verursacht, dass der reflektierte Anteil der IR-Strahlung die sensitive Schicht ein zweites Mal passiert, so dass sich die Strahlungsabsorption in der Polymerschicht verdoppelt.

Im Vergleich zu den Werten aus der Literatur (Tabelle 3.2) wurden prinzipiell geringere Empfindlichkeiten und größere *NETD*-Werte beobachtet. Ein wesentlicher Grund hierfür liegt in den größeren thermischen Leitwerten der Kontaktarme des hier vorgestellten Entwurfs. Darüber hinaus sind die Rauschpegel der Polymerkomposite mit halbleitenden Füllpartikeln größer als die der halbleitenden sensitiven Schichten in konventionellen Mikrobolometern. Die gleiche Relation ergibt sich im Verhältnis zur organischen sensitiven Schicht, bestehend aus dem pyrolisierten Parylen C. Beim Vergleich der *NETD*-Werte von Mikrobolometern mit metallischen sensitiven Schichten zeigen sich die geringsten Differenzen: $NETD = 500$ mK (sensitive Titanschicht [69]) gegenüber $NETD = 6{,}7$ K (Mikrobolometer-Pixel mit Silberkomposit). Diese Schichten sind jeweils durch einen äußerst geringen Rauschpegel gekennzeichnet.

8 Zusammenfassung und Ausblick

Die Zielstellung dieser Arbeit lag in der Untersuchung polymerer Materialien und zugehörige technologischer Verfahren für die Herstellung von Mikrobolometer-Arrays. Hierfür wurden zunächst die elektrischen Eigenschaften von Polymerkompositen mit leitfähigen Füllmaterialien in Abhängigkeit vom Partikelmaterial und von der Anordnung der Partikel in der Polymermatrix betrachtet. Entsprechend den relevanten Sensorparametern eines Mikrobolometers wurden die temperaturabhängigen Eigenschaften des Widerstandes, Strom-Spannungs-Kennlinien und Rauschcharakteristika gemessen und bewertet. Bezüglich der Partikelanordnung wurden sowohl eine homogene Verteilung, als auch dielektrophoretisch ausgerichtete Partikel betrachtet, die kettenförmige Strukturen zwischen den Elektroden ausbilden. Die Auswahl der Partikel orientierte sich zunächst am grundlegenden Funktionsprinzip eines Mikrobolometers, welches auf dem thermoresistiven Effekt basiert. Dieser ist stark ausgeprägt, wenn der Temperaturkoeffizient α_R des Widerstandes groß ist. Entsprechende Materialien, die auch in konventionellen Mikrobolometern als sensitive Schicht eingesetzt werden, sind Halbleiter mit einem vergleichsweise geringen Bandabstand. Unter Berücksichtigung der geforderten Abmessungen der sensitiven Schicht und der allgemeinen Verfügbarkeit wurden die halbleitenden Materialien Tellur und Vanadiumdioxid ausgewählt. Als leitfähiger Füllstoff wurden außerdem Silberpartikel verwendet, welche aufgrund ihres metallischen Charakters ein geringeres Rauschen erwarten lassen. Silber- und Vanadiumdioxidpartikel mit annähernder Kugelform wurden kommerziell erworben. Tellurpartikel wurden durch Reduktion aus Tellursäure hergestellt und haben aufgrund ihrer kristallografischen Eigenschaften eine Vorzugswachstumsrichtung. Die resultierenden Tellurnadeln haben ein Aspektverhältnis von ca. 25. Solche Partikel mit einem großen Aspektverhältnis ermöglichen die Ausbildung eines leitfähigen Netzwerkes bei einem geringen Volumenfüllgrad, wenn sie homogen im Polymerkomposit verteilt sind (Perkolationstheorie).

Aus den Strom-Spannungs-Kennlinien und der Temperaturabhängigkeit des Widerstandes konnte den jeweiligen Kompositen der jeweils dominierende Leitungsmechanismus zugeordnet werden:

- In den Tellurkompositen wird die elektrische Leitung maßgeblich durch Potenzialbarrieren zwischen den Partikeln beeinflusst. Der zugehörige Hopping-Leitungsmechanismus zeigt einen charakteristischen exponentiellen Zusammenhang zwischen dem Widerstand und dessen Temperaturkoeffizienten. Die gemessenen Temperaturkoeffizienten α_R des Widerstandes liegen für diese Komposite im Bereich von -(0,8…3,7) %/K.
- In den Vanadiumdioxidkompositen entspricht der gemessene Temperaturkoeffizient α_R des Widerstandes annähernd dem Wert des Volumenmaterials von $\alpha_{R,VO2}$ = -

4,19 %/K. Demzufolge wird die Gesamtleitfähigkeit bei diesen Kompositen größtenteils durch die halbleitenden Eigenschaften des Vanadiumdioxids bestimmt.

- Die elektrischen Eigenschaften der Silberkomposite sind durch den metallischen Leitungsmechanismus der Partikel charakterisiert. Somit haben diese Komposite einen positiven und betragsmäßig geringeren Temperaturkoeffizienten α_R des Widerstands von ca. 0,4 %/K.

Die Rauschspektren sämtlicher Komposite weisen ein charakteristisches $1/f$-Rauschverhalten auf, welches sowohl durch die typische Frequenz- als auch die Biasspannungsabhängigkeit gekennzeichnet ist. Die Rauschpegel der Silberkomposite sind im Vergleich zu den Kompositen mit den halbleitenden Füllpartikeln um Größenordnungen geringer. Der daraus folgende Einfluss auf die relevanten Sensorkennwerte, z.B. die spezifische Detektivtät, ist größer als die Unterschiede der Temperaturkoeffizienten des Widerstandes.

Das ermittelte elektrische Verhalten der Polymerkomposite erwies sich als weitestgehend unabhängig von der Art der Partikelverteilung. Für die perkolativen Komposite mit homogener Füllstoffverteilung wurde die Füllgradabhängigkeit der Leitfähigkeit untersucht. Bei den annähernd kugelförmigen Silber- und Vanadiumdioxidpartikeln ergab sich eine Perkolationsschwelle von ca. 20 Vol.%. Die Perkolationsschwelle der Tellurkomposite liegt bei 1,5 Vol.% und damit im Bereich der theoretischen Erwartungen gemäß dem Modell des ausgeschlossenen Volumens.

Diese ermittelten Perkolationsschwellwerte gelten jedoch nur in Kompositen, deren Abmessungen genügend groß gegenüber den Partikelabmessungen sind. Bei sehr geringen Schichtdicken, wie sie in der sensitiven Schicht eines Mikrobolometers gefordert werden, steigt die Perkolationsschwelle signifikant an. Resultierende Werte liegen oberhalb von Volumenfüllgraden, mit denen Standardtechnologien der Polymerbearbeitung, wie Spin-Coating oder UV-Lithografie, möglich sind. Aufgrund dieses Verhaltens wurden die sensitiven Polymerkomposite der Mikrobolometer-Pixel ausschließlich mit dielektrophoretisch ausgerichteten Partikeln hergestellt.

Der zweite Schwerpunkt dieser Arbeit bestand darin, eine Technologiefolge zur Herstellung von Mikrobolometer-Arrays zu entwickeln, deren sensitive Schichten aus den vorher charakterisierten Polymerkompositen besteht. Da eine möglichst große thermische Isolation des sensitiven Bereichs gefordert ist, müssen sämtliche Pixel freitragend ausgeführt werden. Solche Strukturen wurden in dieser Arbeit mithilfe einer Opferschichttechnik erzeugt. Eine weitere Anforderung an den Herstellungsprozess ist die Verwendung von möglichst wenigen und kostengünstigen Prozessschritten, welche gleichzeitig eine parallele Prozessierbarkeit der Sensorelemente ermöglichen. Letzteres ist von entscheidender Bedeutung, wenn Arrays mit einer großen Pixelanzahl hergestellt werden sollen. Exemplarisch wurden in dieser Arbeit 2x2-Arrays mit den drei o.g. Füllstoffen gefertigt.

Die verwendete Technologiefolge umfasst sieben grundlegende Prozessschritte. Es wurden gängige schichtbildende und strukturgebende Standardtechnologien der Polymerbearbeitung verwendet, die jeweils zur gleichzeitigen Erzeugung von vielen Strukturen geeignet sind. Lediglich die Abscheidung der metallischen Elektroden erfolgte mittels einer thermischen Verdampfung. Die Elektroden wurden anhand einer Lift-Off-Technik strukturiert. Für die Schichtbildung und gleichzeitige Strukturierung der Opferschicht wurde die Stempeltechnik Micromolding in Capillaries gewählt. Das Opferschichtmaterial, erwärmtes flüssiges Paraffinwachs, füllt dabei ein vorstrukturiertes Kanalnetzwerk infolge von Kapillarkräften. Aufgrund seiner geringen Oberflächenspannung und niedrigen Viskosität erwies sich das geschmolzene Paraffinwachs als besonders geeignet für diesen Strukturierungsvorgang. Darüber hinaus zeigte es günstige Löslichkeitseigenschaften, da es sich nur durch Alkane und wenige andere Lösungsmittel lösen lässt. Somit schränkt es in den folgenden Prozessschritten die Auswahl möglicher organischer Stoffe kaum ein. Die elektrisch leitfähigen Netzwerke im sensitiven Polymerkomposit wurden ausschließlich durch dielektrophoretische Ausrichtung der Füllpartikel realisiert.

Für die hergestellten 2x2-Mikrobolometer-Arrays wurden die zu erwartenden Sensorkennwerte abgeschätzt: Empfindlichkeit R_V, spezifische Detektivität D^* und rauschäquivalente Temperaturdifferenz *NETD*. Hierfür wurden sowohl der thermische Leitwert und die Wärmekapazität als auch die Rauscheinflüsse infolge des Temperaturfluktuations- und des Strahlungsrauschens berechnet. Zusätzlich erfolgte eine Abschätzung der Eigenerwärmung der jeweiligen Pixel. Diese ist vor allem bei den Silberkompositen mit vergleichsweise geringen elektrischen Widerständen stark ausgeprägt. Die ermittelten *NETD*-Werte liegen bei $2{,}4 \cdot 10^3$ K (Tellurkomposit), 41 K (Vanadiumdioxidkomposit) und 6,7 K (Silberkomposit). Die signifikanten Unterschiede zwischen diesen Werten resultieren größtenteils aus dem jeweiligen Rauschverhalten der Komposite. Experimentell wurden die Sensorkennwerte am Beispiel eines Mikrobolometer-Pixels vermessen, bei dem die sensitive Schicht ein Silberkomposit war. Entsprechende Empfindlichkeitswerte inklusive der thermischen Zeitkonstante lagen im Bereich der theoretisch ermittelten Werte.

Die Detektion von Objekten mit Temperaturdifferenzen von 6,7 K eröffnet Anwendungsgebiete für Low-Cost-Wärmebildgeräte, wenn deren Zielstellung eine einfache Objekterkennung sein soll. Darüber hinaus ist eine weitere Optimierung der relevanten Sensorkennwerte ein wünschenswertes Ziel, welches in weiterführenden Arbeiten angestrebt werden sollte. Dies kann insbesondere durch die Verbesserung der thermischen Isolation der einzelnen Pixel erreicht werden:

- Modifikation der geometrischen Eigenschaften durch längere Kontaktarme mit geringerem Querschnitt. Abb. 8.1 zeigt beispielhaft erste Ergebnisse von freitragenden polymeren Strukturen mit entsprechenden Geometrien.

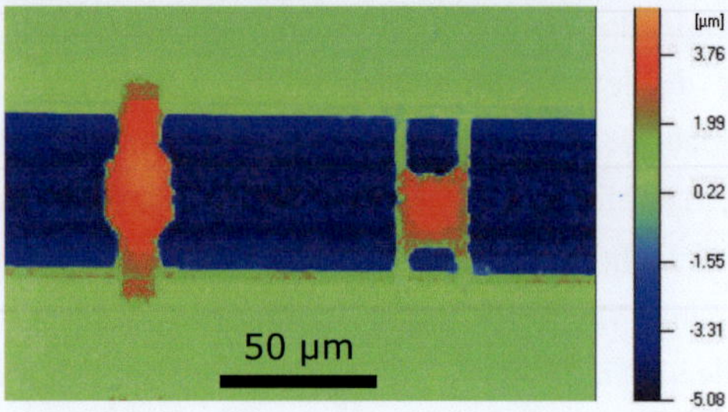

Abb. 8.1 Konfokale Abbildung ungefüllter freitragender Polymerstrukturen hergestellt nach der Technologiefolge aus Tabelle 6.1.

- Änderung der Elektrodenstruktur. Wie in Tabelle 7.1 berechnet, kann beim gegenwärtigen Aufbau der thermische Leitwert der wenige Nanometer dicken metallischen Elektroden gegenüber der wesentlich dickeren Polymerschicht nicht vernachlässigt werden. Somit verbessert sich die thermische Isolation eines Pixels, wenn die Elektroden ausschließlich auf der Trägerschicht ausgeführt werden. Bei einem solchen Entwurf muss das leitfähige Netzwerk im sensitiven Polymerkomposit über dem gesamten Bereich des Kanals erzeugt werden.

Grundsätzlich muss bei den genannten Lösungsansätzen beachtet werden, dass eine größere thermische Isolation der Pixel eine Verschlechterung der mechanischen Stabilität nach sich zieht. Außerdem führt ein geringerer thermischer Leitwert zu einer stärkeren Eigenerwärmung des Pixels. Dies kann vor allem bei niederohmigen metallischen Füllpartikeln zu signifikanten Problemen führen. Ein möglicher Lösungsansatz hierfür besteht in der Verwendung von Partikeln mit kleineren Durchmessern und damit einem größeren elektrischen Widerstand. Solche Partikel erfahren jedoch kleinere dielektrophoretische Kräfte und lassen sich somit schlechter zwischen den Elektroden ausrichten.

Wünschenswert wäre eine Verringerung der Rauschpegel in Kompositen mit halbleitenden Füllpartikeln, um deren große Temperaturkoeffizienten des Widerstandes effektiv nutzen zu können. Dafür muss die Anzahl der Potenzialbarrieren des leitfähigen Netzwerkes reduziert werden. Mögliche Ansätze hierfür könnten sein:

- Die chemische Synthese (der Halbleiter) wird im Bereich der Mikrobolometer-Pixel selbst durchgeführt. Ein entsprechendes Wachstum von ein- bzw. polykristallinen Partikelverbindungen kann ebenfalls durch die Dielektrophorese gezielt beeinflusst werden, indem die Konzentration der ionischen Präkursoren im Bereich der größeren elektrischen Feldstärkegradienten erhöht wird.

- Die Abscheidung der thermoresistiven Schicht erfolgt in einem separaten Schritt unter- bzw. oberhalb der freitragenden polymeren Schicht. In einem solchen konstruktiven Entwurf könnte die in dieser Arbeit vorgestellte einfache Technologiefolge zur Erzeugung freitragender Polymerschichten genutzt werden. Aufgrund der für organische Materialien großen Temperaturstabilität des verwendeten Fotoresistes können ggf. auch konventionelle Abscheideverfahren der CMOS-Technik eingesetzt werden. Bestehen die Mikrobolometer-Pixel aus einem solchen Schichtstapel, erfüllt die eigentliche Polymerschicht keine thermoresistiven Eigenschaften mehr. Somit können ihr beliebige Füllstoffe zugegeben werden, welche die IR-Strahlungsabsorption der polymeren Schicht und damit des gesamten Pixels verbessern. Dies könnte z.B. Leitruß sein [120]. In Abb. 8.2 ist die Verbesserung der Absorptionseigenschaften für ein homogenes Komposit mit 5 Vol.% Leitruß im Fotoresist AZ 1514 dargestellt. Solche Schichten lassen sich im Schichtdickenbereich von 2 µm noch fotolithografisch strukturieren und sind somit kompatibel zu dem in dieser Arbeit vorgestellten technologischen Prozess.

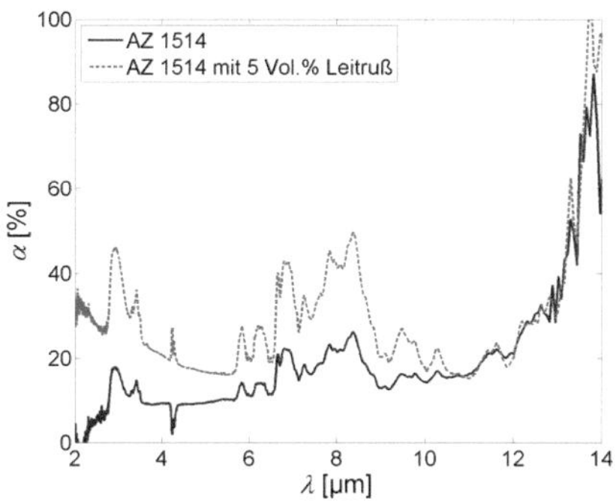

Abb. 8.2 Vergleich der wellenlängenabhängigen Absorption einer ungefüllten und einer mit 5 Vol.% Leitruß gefüllten Schicht, bestehend aus dem thermisch vernetzten Fotoresist AZ 1514; Schichtdicke d_S = 2 µm.

Literaturnachweis

1. Bertozzi, M., Broggi, A., Fascioli, A., Graf, T. und Meinecke, M.M.: *Pedestrian detection for driver assistance using multiresolution infrared vision.* IEEE Transactions on Vehicular Technology **53** (2004) 6, S. 1666-1678.
2. Ambrosio, R., Moreno, M., Jr., J.M., Torres, A., Kosarev, A. und Heredia, A.: *An overview of uncooled infrared sensors technology based on amorphous silicon and silicon germanium alloys.* physica status solidi (c) **7** (2010) 3-4, S. 1180-1183.
3. Budzier, H. und Gerlach, G.: *Thermische Infrarotsensoren: Grundlagen für Anwender.* Weinheim: Wiley-VCH 2010.
4. Schuster, N. und Kolobrodov, V.G.: *Infrarotthermographie.* Berlin: Wiley-VCH 2000.
5. Dutta, P. und Horn, P.M.: *Low-frequency fluctuations in solids: 1/f noise.* Reviews of Modern Physics **53** (1981) 3, S. 497-516.
6. Van Vliet, K.M., Van der Ziel, A. und Schmidt, R.R.: *Temperature-fluctuation noise of thin-films supported by a substrate.* Journal of Applied Physics **51** (1980) 6, S. 2947-2956.
7. Hooge, F.N.: *1/f noise is no surface effect.* Physics Letters A **29** (1969) 3, S. 139-140.
8. Dziedzic, A. und Kolek, A.: *1/f noise in polymer thick-film resistors.* Journal of Physics D-Applied Physics **31** (1998) 17, S. 2091-2097.
9. Kruse, P.W.: *Uncooled infrared imaging arrays and systems.*
10. Broadbent, S.R. und Hammersley, J.M.: *Percolation processes.* Mathematical Proceedings of the Cambridge Philosophical Society **53** (1957) 03, S. 629-641.
11. Sahimi, M.: *Applications of Percolation Theory.* London: Taylor & Francis 1994.
12. Stauffer, D. und Aharony, A.: *Introduction to Percolation Theory.* 2nd ed. London: Taylor & Francis 1994.
13. Lorenz, C.D. und Ziff, R.M.: *Precise determination of the critical percolation threshold for the three-dimensional "swiss cheese" model using a growth algorithm.* Journal of Chemical Physics **114** (2001) 8, S. 3659-3661.
14. Haan, S.W. und Zwanzig, R.: *Series expansions in a continuum percolation problem.* Journal of Physics A - Mathematical and General **10** (1977) 9, S. 1547-1555.
15. Scher, H. und Zallen, R.: *Critical density in percolation processes.* Journal of Chemical Physics **53** (1970) 9, S. 3759-3761.
16. Ottavi, H., Clerc, J., Giraud, G., Roussenq, J., Guyon, E. und Mitescu, C.D.: *Percolation processes in mixtures of conducting and insulating particles.* AIP Conference Proceedings **40** (1978) 1, S. 372-376.
17. Lee, S.-I., Song, Y., Noh, T.W., Chen, X.-D. und Gaines, J.R.: *Experimental observation of nonuniversal behavior of the conductivity exponent for three-dimensional continuum percolation systems.* Physical Review B **34** (1986) 10, S. 6719-6724.
18. Balberg, I. und Binenbaum, N.: *Scher and Zallen criterion - Applicability to composite systems.* Physical Review B **35** (1987) 16, S. 8749-8752.
19. Safran, S.A., Webman, I. und Grest, G.S.: *Percolation in interacting colloids.* Physical Review A **32** (1985) 1, S. 506-511.
20. Babu, S., Gimel, J.C. und Nicolai, T.: *Phase separation and percolation of reversibly aggregating spheres with a square-well attraction potential.* Journal of Chemical Physics **125** (2006) 18, S. 184512 1-10.
21. Ruschau, G.R. und Newnham, R.E.: *Critical volume fractions in conductive composites.* Journal of Composite Materials **26** (1992) 18, S. 2727-2735.
22. Weber, M. und Kamal, M.R.: *Estimation of the volume resistivity of electrically conductive composites.* Polymer Composites **18** (1997) 6, S. 711-725.
23. Balberg, I., Anderson, C.H., Alexander, S. und Wagner, N.: *Excluded volume and its relation to the onset of percolation.* Physical Review B **30** (1984) 7, S. 3933-3943.
24. Berhan, L. und Sastry, A.M.: *Modeling percolation in high-aspect-ratio fiber systems. I. Soft-core versus hard-core models.* Physical Review E **75** (2007) 4, S. 041120 1-8.
25. Balberg, I. und Binenbaum, N.: *Invariant properties of the percolation thresholds in the soft-core hard-core transition.* Physical Review A **35** (1987) 12, S. 5174-5177.
26. Garboczi, E.J., Snyder, K.A., Douglas, J.F. und Thorpe, M.F.: *Geometrical percolation-threshold of overlapping ellipsoids.* Physical Review E **52** (1995) 1, S. 819-828.
27. Balberg, I.: *Universal percolation-threshold limits in the continuum.* Physical Review B **31** (1985) 6, S. 4053-4055.

28. Bug, A.L.R., Safran, S.A. und Webman, I.: *Continuum percolation of rods.* Physical Review Letters **54** (1985) 13, S. 1412-1415.
29. Balberg, I.: *Excluded-volume explanation of Archie's law.* Physical Review B **33** (1986) 5, S. 3618-3620.
30. Balberg, I. und Bozowski, S.: *Percolation in a composite of random stick-like conducting particles.* Solid State Communications **44** (1982) 4, S. 551-554.
31. Vinches, C., Salome, L., Coulon, C. und Carmona, F.: *Percolation in ternary composites - threshold position and critical-behavior.* Journal de Physique **51** (1990) 22, S. 2505-2513.
32. Ounaies, Z., Park, C., Wise, K.E., Siochi, E.J. und Harrison, J.S.: *Electrical properties of single wall carbon nanotube reinforced polyimide composites.* Composites Science and Technology **63** (2003) 11, S. 1637-1646.
33. Butera, A., Klemmer, T.J. und Barnard, J.A.: *Shift in the magnetic percolation threshold of phase separated Co-rich CoAg very thin films due to reduced dimensionality.* Journal of Applied Physics **83** (1998) 9, S. 4855-4861.
34. Schaumburg, H. und Albrecht, G.: *Polymere.* Stuttgart: Teubner 1997.
35. Hansen, C.M.: *The three dimensional solubility parameter and solvent diffusion coefficient. Their importance in surface coating formalation.* Danish Technical Press, Polyteknisk læreanstalt, Copenhagen., 1967.
36. Beerbower, A.: *Surface free energy - New relationship to bulk energies.* Journal of Colloid and Interface Science **35** (1971) 1, S. 126-132.
37. Kan, S.W., Mohanta, S.K., Kim, Y.Y. und Cho, H.K.: *Realization of vertically well-aligned ZnO: Ga nanorods by magnetron sputtering and their field emission behavior.* Crystal Growth & Design **8** (2008) 5, S. 1458-1460.
38. Andrews, R., Jacques, D., Rao, A.M., Derbyshire, F., Qian, D., Fan, X., Dickey, E.C. und Chen, J.: *Continuous production of aligned carbon nanotubes: A step closer to commercial realization.* Chemical Physics Letters **303** (1999) 5-6, S. 467-474.
39. Ci, L.J., Manikoth, S.M., Li, X.S., Vajtai, R. und Ajayan, P.M.: *Ultrathick freestanding aligned carbon nanotube films.* Advanced Materials **19** (2007) 20, S. 3300-3303.
40. Hurst, S.J., Payne, E.K., Qin, L.D. und Mirkin, C.A.: *Multisegmented one-dimensional nanorods prepared by hard-template synthetic methods.* Angewandte Chemie - International Edition **45** (2006) 17, S. 2672-2692.
41. Tanase, M., Bauer, L.A., Hultgren, A., Silevitch, D.M., Sun, L., Reich, D.H., Searson, P.C. und Meyer, G.J.: *Magnetic alignment of fluorescent nanowires.* Nano Letters **1** (2001) 3, S. 155-158.
42. Casavant, M.J., Walters, D.A., Schmidt, J.J. und Smalley, R.E.: *Neat macroscopic membranes of aligned carbon nanotubes.* Journal of Applied Physics **93** (2003) 4, S. 2153-2156.
43. Kimura, T., Ago, H., Tobita, M., Ohshima, S., Kyotani, M. und Yumura, M.: *Polymer composites of carbon nanotubes aligned by a magnetic field.* Advanced Materials **14** (2002) 19, S. 1380-1383.
44. Jones, T.B.: *Electromechanics of Particles.* Cambridge, New York: Cambridge University Press 1995.
45. Pohl, H., Pollock, K. und Crane, J.: *Dielectrophoretic force: A comparison of theory and experiment.* Journal of Biological Physics **6** (1978) 3, S. 133-160.
46. Buh, G.H., Hwang, J.H., Jeon, E.K., So, H.M., Lee, J.O., Kong, K.J. und Chang, H.: *On-chip electrical breakdown of metallic nanotubes for mass fabrication of carbon-nanotube-based electronic devices.* IEEE Transactions on Nanotechnology **7** (2008) 5, S. 624-627.
47. Batchelor, G.K.: *An Introduction to Fluid Dynamics.* Cambridge: Cambridge University Press 1967.
48. Einstein, A.: *Über die von der molekularkinetischen Theorie der Wärme geforderte Bewegung von in ruhenden Flüssigkeiten suspendierten Teilchen.* Annalen der Physik **322** (1905), S. 549-560.
49. Castellanos, A., Ramos, A., Gonzalez, A., Green, N.G. und Morgan, H.: *Electrohydrodynamics and dielectrophoresis in microsystems: scaling laws.* Journal of Physics D - Applied Physics **36** (2003) 20, S. 2584-2597.
50. Ramos, A., Morgan, H., Green, N.G. und Castellanos, A.: *AC electrokinetics: A review of forces in microelectrode structures.* Journal of Physics D-Applied Physics **31** (1998) 18, S. 2338-2353.
51. Ashcroft, N.W. und Mermin, N.D.: *Festkörperphysik.* München: Oldenbourg 2001.

52. Varshni, Y.P.: *Temperature dependence of energy gap in semiconductors.* Physica **34** (1967) 1, S. 149-154.
53. Loferski, J.J.: *Infrared optical properties of single crystals of tellurium.* Physical Review **93** (1954) 4, S. 707-716.
54. Ravindra, N.M. und Srivastava, V.K.: *Properties of PbS, PbSe, and PbTe.* Physica Status Solidi A - Applied Research **58** (1980) 1, S. 311-316.
55. Mott, N.F. und Davis, E.A.: *Electronic Processes in Non-Crystalline Materials.* 2nd ed. Oxford: Clarendon Press 1979.
56. Miller, A. und Abrahams, E.: *Impurity conduction at low concentrations.* Physical Review **120** (1960) 3, S. 745-755.
57. Aleshin, A.N.: *Polymer nanofibers and nanotubes: Charge transport and device applications.* Advanced Materials **18** (2006) 1, S. 17-27.
58. Vanstaveren, M.P.J., Brom, H.B. und Dejongh, L.J.: *Metal-cluster compounds and universal features of the hopping conductivity of solids.* Physics Reports - Review Section of Physics Letters **208** (1991) 1, S. 1-96.
59. Sheng, P.: *Fluctuation-induced tunneling conduction in disordered materials.* Physical Review B **21** (1980) 6, S. 2180-2195.
60. Berglund, C.N. und Guggenheim, H.J.: *Electronic properties of VO2 near semiconductor-metal transition.* Physical Review **1** (1969) 3, S. 1022-1033.
61. Yin, W., West, K.G., Lu, J.W., Pei, Y., Wolf, S.A., Reinke, P. und Sun, Y.: *The metal-insulator transition in vanadium dioxide: A view at bulk and surface contributions for thin films and the effect of annealing.* Journal of Applied Physics **105** (2009) 11, S. 114322 1-7.
62. Niklaus, F., Vieider, C. und Jakobsen, H.: *MEMS-based uncooled infrared bolometer arrays: a review.* In: Proceedings of SPIE 6836. 2007. Beijing, China, S. 68360D-15.
63. Kaufmann, J., Moss, M.G., Wang, Y. und Giedd, R.E.: *Conductive polymer films for microbolometer applications.* In: Infrared Technology and Applications XXII. 1996. Orlando, FL, USA: SPIE 2744, S. 334-344.
64. Kaufmann, J., Moss, M.G., Giedd, R.E. und Brewer, T.L.: *Conducting-polymer bolometer.* Patent US 5 629 665, 1997.
65. Giedd, R.E.: *Doped, organic carbon-containing sensor for infrared detection and a process for the preparation thereof.* Patent US 6 489 616, 2002.
66. Liger, M., Konishi, S. und Yu-Chong, T.: *Uncooled all-parylene bolometer.* In: Micro Electro Mechanical Systems, 2004. 17th IEEE International Conference on. (MEMS). 2004, S. 593-596.
67. Liger, M. und Yu-Chong, T.: *A 32*32 parylene-pyrolyzed carbon bolometer imager.* In: Micro Electro Mechanical Systems, 2006. MEMS 2006 Istanbul. 19th IEEE International Conference on. 2006, S. 106-109.
68. Mahmood, A., Butler, D.P. und Celik-Butler, Z.: *Micromachined bolometers on polyimide.* Sensors and Actuators A - Physical **132** (2006) 2, S. 452-459.
69. Mansi, M.V., Brookfield, M., Porter, S.G., Edwards, I., Bold, B., Shannon, J., Lambkin, P. und Mathewson, A.: *AUTHENTIC: a very low-cost infrared detector and camera system.* In: Infrared Technology and Applications XXVIII. 2003. Seattle, WA, USA: SPIE 4820, S. 227-238.
70. Ali, S.T., Lebaek, J., Nielsen, L.P., Mathiasen, C., Moller, P. und Kaer, S.K.: *Thin film thermocouples for in situ membrane electrode assembly temperature measurements in a polybenzimidazole-based high temperature proton exchange membrane unit cell.* Journal of Power Sources **195** (2010) 15, S. 4835-4841.
71. Rinke, T.J.: *Microchemicals - Fotoresiste, Hilfsstoffe, Säuren/Basen, Lösungsmittel und technische Unterstützung im Bereich Mikrostrukturierung und Lithografie* (zitiert Oktober 2010), http://www.microchemicals.de/fotoresist/fotoresists.html.
72. Roy, D., Basu, P.K., Raghunathan, P. und Eswaran, S.V.: *DNQ-novolac photoresists revisited: H-1 and C-13 NMR evidence for a novel photoreaction mechanism.* Magnetic Resonance in Chemistry **41** (2003) 2, S. 84-90.
73. Ondracek, G.: *Werkstoffkunde : Leitfaden für Studium und Praxis, Aufbau, Eigenschaften, Technologie, Prüfung, Untersuchung.* 2. Aufl. Sindelfingen: Expert-Verlag 1986.
74. Nocke, A.: *Grundlagen für Polymer-Bolometer.* Diplomarbeit. TU Dresden, 2005.
75. Fukukawa, K.-i. und Ueda, M.: *Recent progress of photosensitive polyimides.* Polymer Journal **40** (2008) 4, S. 281-296.
76. *HD MicroSystems, Pyralin PI2720 processing guidelines.* (1998).

77. Xu, D., Xu, X.G. und Zou, S.C.: *Ion-beam-modified polyimide as a novel temperature sensor - Fundamental-aspects and applications.* Review of Scientific Instruments **63** (1992) 1, S. 202-206.
78. Omastova, M., Kosina, S., Pionteck, J., Janke, A. und Pavlinec, J.: *Electrical properties and stability of polypyrrole containing conducting polymer composites.* Synthetic Metals **81** (1996) 1, S. 49-57.
79. Jousseaume, V., Morsli, M., Bonnet, A., Tesson, O. und Lefrant, S.: *Electrical properties of polyaniline-polystyrene blends above the percolation threshold.* Journal of Applied Polymer Science **67** (1998) 7, S. 1205-1208.
80. Salz, D., Wark, M., Baalmann, A., Ulrich, S.C. und Jaeger, N.: *Metal clusters in plasma polymer matrices - Part IV. Electrical properties of Ag clusters.* Physical Chemistry Chemical Physics **4** (2002) 11, S. 2438-2442.
81. Fan, W. und Morris, J.E.: *Alternating current electrical properties of island aluminum thin films on polyimide substrates.* In: Polymers and Adhesives in Microelectronics and Photonics, 2002. POLYTRONIC 2002. 2nd International IEEE Conference on. 2002, S. 145-149.
82. Barrau, S., Demont, P., Peigney, A., Laurent, C. und Lacabanne, C.: *DC and AC conductivity of carbon nanotubes-polyepoxy composites.* Macromolecules **36** (2003) 14, S. 5187-5194.
83. Kastner, A.: *Dielelektrische Charakterisierung rußgefüllter Elastomere.* Dissertation. TU Darmstadt, 2002.
84. Cole, B., Horning, R., Johnson, B., Nguyen, K., Kruse, P.W. und Foote, M.C.: *High performance infrared detector arrays using thin film microstructures.* In: Applications of Ferroelectrics, 1994.ISAF '94., Proceedings of the Ninth IEEE International Symposium on. 1994, S. 653-656.
85. Madelung, O.: *Semiconductors - Basic Data.* 2nd ed. Berlin: Springer 1996.
86. Jortner, J.: *Cluster size effects.* Zeitschrift Fur Physik D-Atoms Molecules and Clusters **24** (1992) 3, S. 247-275.
87. Johnston, R.L.: *The development of metallic behaviour in clusters.* Philosophical Transactions of the Royal Society a-Mathematical Physical and Engineering Sciences **356** (1998) 1735, S. 211-227.
88. Cooper, W.C. und Frieser, R.G.: *Tellurium.* Journal of The Electrochemical Society **120** (1973) 2, S. 47C.
89. Mayers, B. und Xia, Y.N.: *One-dimensional nanostructures of trigonal tellurium with various morphologies can be synthesized using a solution-phase approach.* Journal of Materials Chemistry **12** (2002) 6, S. 1875-1881.
90. Nussbaum, A.: *Electrical properties of pure tellurium and tellurium-selenium alloys.* Physical Review **94** (1954) 2, S. 337-342.
91. Liu, Z.P., Hu, Z.K., Liang, J.B., Li, S., Yang, Y., Peng, S. und Qian, Y.T.: *Size-controlled synthesis and growth mechanism of monodisperse tellurium nanorods by a surfactant-assisted method.* Langmuir **20** (2004) 1, S. 214-218.
92. Gautam, U.K. und Rao, C.N.R.: *Controlled synthesis of crystalline tellurium nanorods, nanowires, nanobelts and related structures by a self-seeding solution process.* Journal of Materials Chemistry **14** (2004) 16, S. 2530-2535.
93. Downs, B., Robison, S., Yang, H. und Mooney, P.: *Tellurium R070376.* (zitiert Mai 2007), http://rruff.info/Tellurium/R070376.
94. Pola, J., Urbanova, M., Volnina, E.A., Bakardjieva, S., Subrt, J. und Bastl, Z.: *Polymer-stabilized nano-sized tellurium films by laser-induced chemical vapour co-deposition process.* Journal of Materials Chemistry **13** (2003) 2, S. 394-398.
95. Benoit, R., Durand, Y., Narjoux, B. und Quintana, G.: *XPS, AES, UPS and ESCA - lasurface.com.* (zitiert Mai 2007), http://www.lasurface.com/.
96. Nag, J. und Haglund, R.F.: *Synthesis of vanadium dioxide thin films and nanoparticles.* Journal of Physics-Condensed Matter **20** (2008) 264016, S. 1-14.
97. Lopez, R., Haynes, T.E., Boatner, L.A., Feldman, L.C. und Haglund, R.F.: *Size effects in the structural phase transition of VO2 nanoparticles.* Physical Review B **65** (2002) 22, S. 224113 1-5.
98. Dell'Erba, I.E., Hoppe, C.E. und Williams, R.J.J.: *Synthesis of silver nanoparticles coated with OH-functionalized organic groups: Dispersion and covalent bonding in epoxy networks.* Langmuir **26** (2010) 3, S. 2042-2049.

99. *Sigma-Aldrich: Products.* (zitiert Dezember 2010), http://www.sigmaaldrich.com/catalog/ProductDetail.do?lang=de&N4=484059|ALDRICH&N5=SEARCH_CONCAT_PNO|BRAND_KEY&F=SPEC.
100. Michaelson, H.B.: *Work function of elements and its periodicity.* Journal of Applied Physics **48** (1977) 11, S. 4729-4733.
101. Wang, Y.Q. und Zhang, Z.J.: *Synthesis and field emission property of VO2 nanorods with a body-centered-cubic structure.* Physica E-Low-Dimensional Systems & Nanostructures **41** (2009) 4, S. 548-551.
102. Kim, E., Xia, Y.N. und Whitesides, G.M.: *Polymer microstructures formed by molding in capillaries.* Nature **376** (1995) 6541, S. 581-584.
103. Xia, Y. und Whitesides, G.: *Softlithographie.* Angewandte Chemie **110** (1998) 5, S. 568-594.
104. Ye, X.D., Liu, H.Z., Ding, Y.C., Li, H.S. und Lu, B.H.: *Research on the cast molding process for high quality PDMS molds.* Microelectronic Engineering **86** (2009) 3, S. 310-313.
105. Kim, E. und Whitesides, G.M.: *Imbibition and flow of wetting liquids in noncircular capillaries.* Journal of Physical Chemistry B **101** (1997) 6, S. 855-863.
106. Stark, R.W., Stalder, M.S. und Stemmer, A.: *Microfluidic etching driven by capillary forces for rapid prototyping of gold structures.* Microelectronic Engineering **67-8** (2003), S. 229-236.
107. Svitova, T., Hoffmann, H. und Hill, R.M.: *Trisiloxane surfactants: surface interfacial tension dynamics and spreading on hydrophobic surfaces.* Langmuir **12** (1996) 7, S. 1712-1721.
108. Selvaganapathy, P., Carlen, E.T. und Mastrangelo, C.H.: *Electrothermally actuated inline microfluidic valve.* Sensors and Actuators a-Physical **104** (2003) 3, S. 275-282.
109. Salaun, F., Vroman, I. und Aubry, C.: *Preparation of double layered shell microparticles containing an acid dye by a melt dispersion-coacervation technique.* Powder Technology **192** (2009) 3, S. 375-383.
110. Brandrup, J., Immergut, E.H. und Grulke, E.A.: *Polymer Handbook.* 4th ed. New York: Wiley 1999.
111. Bloomstein, T.M., Palmacci, S.T., Kunz, R.R. und Rothschild, M.: *Stereolithographic patterning of diazonaphthoquinone/novolac photoresist.* Journal of Microlithography Microfabrication and Microsystems **3** (2004) 2, S. 339-347.
112. Voigt, A., Heinrich, M., Hauck, K., Mientus, R., Gruetzner, G., Topper, M. und Ehrmann, O.: *A single layer negative tone lift-off photo resist for patterning a magnetron sputtered Ti/Pt/Au contact system and for solder bumps.* Microelectronic Engineering **78-79** (2005), S. 503-508.
113. Schift, H.: *Nanoimprint lithography: An old story in modern times? A review.* Journal of Vacuum Science & Technology B **26** (2008) 2, S. 458-480.
114. Nie, Z.H. und Kumacheva, E.: *Patterning surfaces with functional polymers.* Nature Materials **7** (2008) 4, S. 277-290.
115. Wu, H.D., Chu, P.P. und Ma, C.C.M.: *Thermodynamic properties of the novolac type phenolic resin blended with poly(hydroxyl ether of bisphenol A).* Polymer **39** (1998) 3, S. 703-709.
116. Greenwood, N.N. und Earnshaw, A.: *Chemie der Elemente.* Weinheim: VCH 1988.
117. Czichos, H.: *Hütte - Die Grundlagen der Ingenieurwissenschaften.* 31. Aufl. Berlin: Springer 2000.
118. Chen, G. und Hui, P.: *Thermal conductivities of evaporated gold films on silicon and glass.* Applied Physics Letters **74** (1999) 20, S. 2942-2944.
119. Chung, S.-J., Hein, H. und Schulz, J.: *Strukturprofilsimulation dicker Schichten in der optischen Lithographie mit DNQ-Novolak-basierenden Photoresists.* In: Wissenschaftliche Berichte. Forschungszentrum Karlsruhe, Technik und Umwelt. 1998.
120. Querner, Y.: *Absorptionsschichten für pyroelektrische Infrarotsensoren.* Diplomarbeit. TU Dresden, 2008.
121. Sauer, F.A.: *Interaction Forces between Microscopic Particles in an External Electromagnetic Field.* New York: Plenum Publishing Corporation 1985.

Anhang

Anhang A: Herleitung der rauschäquivalenten Temperaturdifferenz *NETD*

Die *NETD* gibt die auf die Temperatur des zu detektierenden Objektes bezogene Auflösungsgrenze an. In Analogie zur *NEP* ist sie definiert als die Temperaturdifferenz des Objektes ΔT_O, die am Sensorausgang eine Spannungsänderung ΔU_B hervorruft, die dem Spannungsrauschen $\tilde{u}_R$ des Sensors entspricht:

$$NETD = \frac{\tilde{u}_R \Delta T_O}{\Delta U_B} = \frac{\tilde{u}_R}{R_{T,O}}. \tag{A.1}$$

Hier ist $R_{T,O}$ die objektbezogene Temperaturempfindlichkeit. Deren Beschreibung in differenzieller Form lässt sich über den Zusammenhang

$$R_{T,O} = \frac{dU_B}{dT} = \frac{dU_B}{d\Phi_S}\frac{d\Phi_S}{dT} = R_V \frac{d\Phi_S}{dT} \tag{A.2}$$

aus der bekannten Spannungsempfindlichkeit R_V von Gleichung (2.12) und der Ableitung des Strahlungsflusses Φ_s nach der Temperatur T bestimmen. Für die Berechnung dieser Ableitung soll zunächst der auf eine sensitive Sensorfläche A_p auftreffende Strahlungsfluss betrachtet werden, welcher durch

$$\Phi_S = \frac{\tau_{opt}}{4k_{opt}^2 + 1} A_P \varepsilon M_S(T) \tag{A.3}$$

gegeben ist [3]. Hier ist τ_{opt} die Transmission der optischen Weglänge, k_{opt} die Blendenzahl, ε der Emissionskoeffizient des strahlenden Körpers und M_S dessen spezifische Ausstrahlung. Der Bruch in Gleichung (A.3) beschreibt den Einfluss der optischen Komponenten des Mikrobolometers. Die spezifische Ausstrahlung M_S ergibt sich durch Integration der spektralen spezifischen Ausstrahlung über der Wellenlänge λ

$$M_S(T) = \int_{\lambda_1}^{\lambda_2} M_{\lambda S}(T) d\lambda, \tag{A.4}$$

wobei sich diese aus dem Planck'schen Strahlungsgesetz berechnet:

$$M_{\lambda S} = \frac{c_1}{\lambda^5} \frac{1}{\exp\left(\frac{c_2}{\lambda T}\right) - 1}, \tag{A.5}$$

mit den Strahlungskonstanten c_1 und c_2. Unter Berücksichtigung des wellenlängenabhängigen Absorptionskoeffizienten α des Pixels folgt die tatsächlich absorbierte Strahlungsleistung $\Phi_{s,a}$:

$$\Phi_{S,\alpha}(T) = \frac{A_P \tau_{opt} \varepsilon}{4k_{opt}^2 + 1} \int_{\lambda_1}^{\lambda_2} \alpha(\lambda) M_{\lambda S}(T) d\lambda \,. \tag{A.6}$$

Die Ableitung dieser Beziehung nach der Temperatur führt zur gesuchten objektbezogenen Temperaturempfindlichkeit

$$\frac{d\Phi_{S,\alpha}(T)}{dT} = R_{T,O} = \frac{R_V A_P \tau_{opt} \varepsilon}{4k_{opt}^2 + 1} \int_{\lambda_1}^{\lambda_2} \alpha(\lambda) \frac{dM_{\lambda S}(T)}{dT} d\lambda \tag{A.7}$$

mit

$$\frac{\partial M_{\lambda S}}{\delta T} = M_{\lambda S}(T) \frac{c_2}{\lambda T^2} \frac{1}{1 - \exp\left(-\frac{c_2}{\lambda T}\right)} \tag{A.8}$$

und nach Einsetzen in Gleichung (A.1) zur *NETD*:

$$NETD = \frac{4k_{opt}^2 + 1}{A_P \tau_{opt} \varepsilon} \frac{1}{\int_{\lambda_1}^{\lambda_2} \alpha(\lambda) \frac{\partial M_{\lambda S}}{\partial T} d\lambda} \frac{\tilde{u}_R}{R_V} \,. \tag{A.9}$$

Bei dieser Beschreibung der *NETD* ist zu beachten, dass die Spannungsempfindlichkeit R_V ohne den Absorptionskoeffizienten $\alpha(\lambda)$ verwendet werden muss, da dieser als wellenlängenabhängiger Parameter unter dem Integral betrachtet wird.

Anhang B: Herleitung des effektiven Dipolmomentes p_{eff} eines sphärischen Partikels

Das effektive Dipolmoment p_{eff} wird nach Gleichung (2.56) zur Berechnung der dielektrophoretischen Kraft verwendet. Für die Herleitung wird die geometrische Anordnung in Abb. B.1 betrachtet.

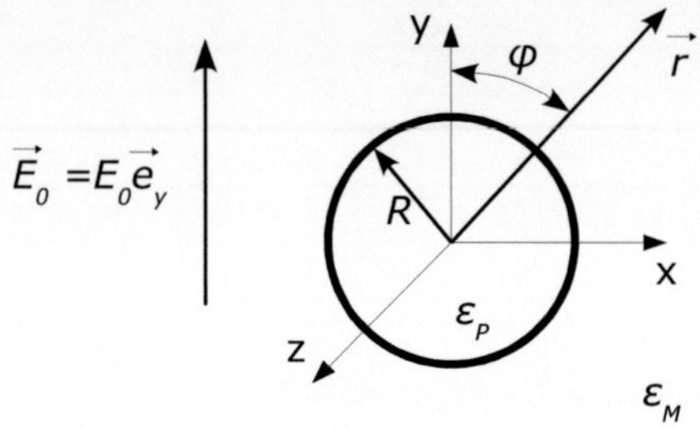

Abb. B.1 Anordnung eines Partikels mit der Permittivität ε_P im Koordinatenursprung, umgeben von einem Medium mit der Permittivität ε_M in einem homogenen elektrischen Feld $\vec{E}_0$, welches parallel zur y-Achse wirkt.

Unter der Annahme, dass das Partikel mit der Permittivität ε_P die Stärke des externen elektrischen Feldes $\vec{E}_0$ nicht beeinflusst, gilt für die Potenzialverteilung innerhalb des Partikels

$$\Phi_P(r,\varphi) = -Br\cos\varphi, \quad r < R \tag{B.1}$$

und außerhalb des Partikels

$$\Phi_M(r,\varphi) = -E_0 r\cos\varphi + \frac{A\cos\varphi}{r^2}, \quad r > R\,, \tag{B.2}$$

wobei A und B Koeffizienten sind, die sich aus den Randbedingungen ergeben. Der zweite Term in Gleichung (B.2) resultiert aus der dielektrischen Wirkung des Partikels auf das umgebende Medium. Folgende Randbedingungen müssen in diesem elektrostatischen System gelten. Sowohl das elektrische Potenzial auf der Kugeloberfläche als auch die Normalkomponente der Verschiebungsflussdichte $D = \varepsilon E$ auf der Kugeloberfläche müssen stetig sein:

$$\Phi_P(r = R,\varphi) = \Phi_M(r = R,\varphi) \tag{B.3}$$

und

$$\varepsilon_P E_P(r = R,\varphi) = \varepsilon_M E_M(r = R,\varphi)\,. \tag{B.4}$$

Unter Verwendung der Beziehung $E = -\mathrm{grad}\,\Phi$ ergibt sich aus den Gleichungen (B.1) und (B.2) folgendes Gleichungssystem:

$$\varepsilon_P B \cos\varphi = \varepsilon_M E_0 \cos\varphi + \frac{2\varepsilon_M A \cos\varphi}{R^3}, \tag{B.5}$$

$$BR\cos\varphi = E_0 R \cos\varphi - \frac{A\cos\varphi}{R^2}. \tag{B.6}$$

Die Gleichungen (B.5) und (B.6) lassen sich nach den Koeffizienten A und B auflösen:

$$A = \frac{\varepsilon_P - \varepsilon_M}{\varepsilon_P + 2\varepsilon_M} R^3 E_0, \tag{B.7}$$

$$B = \frac{3\varepsilon_M}{\varepsilon_P + 2\varepsilon_M} E_0. \tag{B.8}$$

Die allgemein verwendete Näherung der Potenzialverteilung eines Dipoles ergibt sich aus der Betrachtung von zwei entgegengesetzten Ladungsträgern, die im Vergleich zum betrachteten Raumpunkt sehr nah beieinander liegen (Abb. B.2).

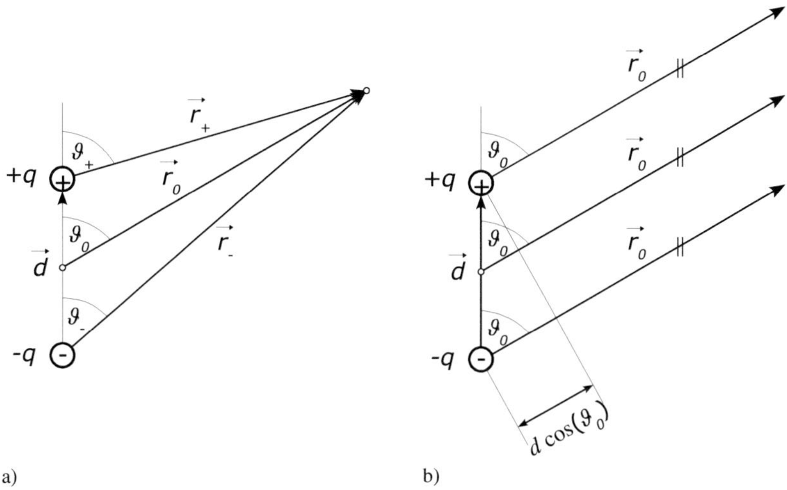

Abb. B.2 Geometrische Anordnung eines Dipols, bestehend aus zwei entgegengesetzten Ladungen $+q$ und $-q$, in Relation zu einem Raumpunkt; (a) für $r_0 \approx d$ (Nahfeld) und (b) Näherung für $r_0 = r_+ = r >> d$ (Fernfeld).

Die allgemeine Potenzialverteilung einer solchen Doppelquelle lässt sich aus dem Coulomb'schen Gesetz durch Überlagerung der beiden Ladungsträger wie folgt beschreiben:

$$\Phi = \frac{q}{4\pi\varepsilon_M r_+} - \frac{q}{4\pi\varepsilon_M r_-} = \frac{q}{4\pi\varepsilon_M} \frac{r_- - r_+}{r_+ r_-}. \tag{B.9}$$

Für die in Abb. B.2b gezeigte Fernfeldbedingung ergeben sich die Vereinfachungen $\vartheta_+ = \vartheta_- = \vartheta$, $r_+ = r_- = r_a$ und $r_+ - r_- = d\cos\vartheta$, so dass aus Gleichung (B.9) folgt:

$$\Phi_{e,Dipol} = \frac{qd\cos\vartheta}{4\pi\varepsilon_M r^2} = \frac{p\cos\vartheta}{4\pi\varepsilon_M r^2}, \tag{B.10}$$

wobei p der Betrag des Dipolmomentes ist.

Der zweite Teil von Gleichung (B.2) beschreibt die Einwirkung des sphärischen Partikels auf das umgebende Potenzialfeld und entspricht der Wirkung des in Gleichung (B.10) charakterisierten Dipols. Somit ergibt sich das effektive Dipolmoment p_{eff} eines solchen Partikels durch Vergleich der Gleichungen (B.9) und (B.10) sowie Gleichung (B.7) zu

$$p_{eff} = 4\pi\varepsilon_M \frac{\varepsilon_P - \varepsilon_M}{\varepsilon_P + 2\varepsilon_M} R^3 E_0. \tag{B.11}$$

Für den Fall, dass die verwendeten Materialien über nennenswerte dielektrische Verluste oder elektrische Leitfähigkeiten verfügen, müssen die komplexen Permittivitäten verwendet werden. Diese Umwandlung in komplexe Parameter darf jedoch nur für die Permittivitäten des Clausius-Mossotti-Faktors $\underline{K}$ erfolgen:

$$\underline{K} = \frac{\underline{\varepsilon}_P - \underline{\varepsilon}_M}{\underline{\varepsilon}_P + 2\underline{\varepsilon}_M}. \tag{B.12}$$

Die aus der Beschreibung des Dipols resultierende Permittivität des Terms $4\pi\varepsilon_M$ in Gleichung (B.11) muss weiterhin reell bleiben, da hiermit ein direkter Zusammenhang aus Ladungs- und Potenzialverteilung beschrieben wird [121].

Über den Autor

Lebenslauf von Andreas Nocke:

Persönliche Daten

Geburtsdatum und -ort: 07.01.1980 in Rostock

Ausbildung

Promotion:

05/2007-05/2011	Promotionsbegleitender Studiengang an der TU Dresden, Fakultät Elektrotechnik und Informationstechnik Promotionsthema: „Mikrobolometer auf der Basis von Polymerkompositen“

Studium:

10/1999-08/2005	Diplomstudium der Elektrotechnik an der TU Dresden Vertiefungsrichtung: Mikroelektronik

Auslandsaufenthalt

10/2009-12/2009	dreimonatiger Arbeitsaufenthalt in Salta / Argentinien

Liste der Veröffentlichungen:

Aufsätze in Zeitschriften:

1. Nocke, A., Wolf, M., Budzier, H., Arndt, K.-F. und Gerlach, G.: *Dielectrophoretic alignment of polymer compounds for thermal sensing.* Sensors and Actuators A - Physical **156** (2009) 1, S. 164-170.
2. Nocke, A., Wolf, M., Budzier, H., Mönch, J., Arndt, K.-F. und Gerlach, G.: *Self-Supporting Polymer Films for MEMS Applications.* Macromolecular Symposia **254** (2007) 1, S. 409-413.

Aufsätze in Tagungsbänden:

1. Nocke, A., Richter, S., Wolf, M. und Gerlach, G.: *Polymer composite strain sensor based on dielectrophoretically aligned tellurium nanorods.* In: Proceedings of the Eurosensors XXIII conference, Procedia Chemistry 1, 2009, Lausanne, Schweiz, S. 1151-1154.
2. Nocke, A., Wolf, M., Budzier, H., Arndt, K.-F. und Gerlach, G.: *Novel technology for polymer-based microbolometers.* In: Electro-Optical and Infrared Systems: Technology and Applications VI, Proceedings of SPIE 7481, 2009, Berlin, Deutschland, S. 74810I-9.
3. Nocke, A., Richter, S. und Gerlach, G.: *Nanocomposite strain sensor with aligned filler material.* In: Nanotech Insight Proceedings, 2009, Barcelona, Spanien, S. 212-213.
4. Nocke, A., Budzier, H., Wolf, M., Arndt, K.-F. und Gerlach, G.: *Conductive polymer compounds as microbolometer material.* In: Sensor+Test 2008 Proceedings, 2008, Nürnberg, Deutschland, S. 271-276.
5. Nocke, A., Budzier, H., Wolf, M., Mönch, J., Arndt, K.-F. und Gerlach, G.: *Herstellung von Komponenten für Mikrobolometer auf der Basis von Polymerkompositen.* In: MikroSystemTechnik Kongress Proceedings, 2007, Dresden, Deutschland, S. 365-368.
6. Nocke, A., Budzier, H., Wolf, M. und Gerlach, G.: *Carbon-black loaded poly-ethyleneglycol compounds: Investigation of the electrical and thermal properties related to the application as infrared sensor.* In: Sensor+Test 2006 Proceedings, 2006, Nürnberg, Deutschland, S. 301-306.

Patente:

1. Nocke, A., Schossig, M., Norkus, V. und Gerlach, G.: *Richtungsempfindlicher pyroelektrischer Infrarotsensor mit sichelförmiger Elektrodenstruktur.* Patent DE 102006057974B4, 2010.
2. Nocke, A., Gerlach, G. und Wolf, M.: *Resistiver Sensor zur Messung der Temperatur oder infraroter Strahlung und Verfahren zu dessen Herstellung.* Patent DE 102008046319B3, 2009.